ETNOGRAFIA E OBSERVAÇÃO PARTICIPANTE

AUTORES

Uwe Flick (coord.)
Professor de Pesquisa Qualitativa na Alice Salomon University of Applied Sciences, Berlim.

Michael Angrosino
Professor no Departamento de Antropologia da University of South Florida.

A593e   Angrosino, Michael.
         Etnografia e observação participante / Michael Angrosino ;
     tradução José Fonseca ; consultoria, supervisão e revisão desta edição
     Bernardo Lewgoy. – Porto Alegre : Artmed, 2009.
         138 p. ; 23 cm. – (Coleção Pesquisa qualitativa / coordenada por
     Uwe Flick)

         ISBN 978-85-363-2053-3

         1. Pesquisa científica. 2. Pesquisa de observação. 3. Etnografia.
     I. Título. II. Série.

                                                             CDU 001.891.7

Catalogação na publicação: Renata de Souza Borges CRB-10/1922

COLEÇÃO PESQUISA QUALITATIVA
coordenada por **Uwe Flick**

ETNOGRAFIA E OBSERVAÇÃO PARTICIPANTE

Michael Angrosino

Tradução
José Fonseca

Consultoria, supervisão e revisão técnica desta edição
Bernardo Lewgoy
Doutor em Ciências Sociais pela Universidade de São Paulo.
Professor Adjunto do Departamento de Antropologia
na Universidade Federal do Rio Grande do Sul.

bookman® artmed®

2009

Obra originalmente publicada sob o título *Doing Ethnographic and Observational Research*
ISBN 978-0-7619-4975-6
English language edition published by Sage Publications of London, Thousand Oaks, New Delhi and Singapore

© Michael Angrosino, 2008
© Portuguese language translation by Artmed Editora S.A., 2009

Capa:
Paola Manica

Preparação de originais:
Lia Gabriele Regius dos Reis

Leitura final:
Cristine Henderson Severo

Supervisão editorial:
Carla Rosa Araujo

Projeto e editoração:
Santo Expedito Produção e Artefinal

Finalização:
Armazém Digital® Editoração Eletrônica – Roberto Carlos Moreira Vieira

Reservados todos os direitos de publicação, em língua portuguesa, à
ARTMED® EDITORA S.A.
Av. Jerônimo de Ornelas, 670 - Santana
90040-340 - Porto Alegre - RS
Fone (51) 3027-7000 - Fax (51) 3027-7070

É proibida a duplicação ou reprodução deste volume, no todo ou em parte, sob quaisquer formas ou por quaisquer meios (eletrônico, mecânico, gravação, fotocópia, distribuição na Web e outros), sem permissão expressa da Editora.

SÃO PAULO
Av. Angélica, 1091 - Higienópolis
01227-100 - São Paulo - SP
Fone (11) 3665-1100 - Fax (11) 3667-1333

SAC 0800 703-3444

IMPRESSO NO BRASIL
PRINTED IN BRAZIL
Impresso sob demanda na Meta Brasil a pedido de Grupo A Educação.

SUMÁRIO

Introdução à *Coleção Pesquisa Qualitativa* (Uwe Flick) 7
Sobre este livro (Uwe Flick) 13

1 Etnografia e observação participante 15
2 Que tipos de temas podem ser efetiva e eficientemente estudados pelos métodos etnográficos? 35
3 Escolhendo um campo de pesquisa 45
4 Coleta de dados em campo 53
5 Observação etnográfica 73
6 Analisando dados etnográficos 89
7 Estratégias de apresentação de dados etnográficos 101
8 Questões de ética na pesquisa 109
9 Etnografia para o século XXI 117

Glossário 125
Referências 129
Índice 135

INTRODUÇÃO À *COLEÇÃO PESQUISA QUALITATIVA*

Uwe Flick

Nos últimos anos, a pesquisa qualitativa tem vivido um período de crescimento e diversificação inéditos ao se tornar uma proposta de pesquisa consolidada e respeitada em diversas disciplinas e contextos. Um número cada vez maior de estudantes, professores e profissionais se depara com perguntas e problemas relacionados a como fazer pesquisa qualitativa, seja em termos gerais, seja para seus propósitos individuais específicos. Responder a essas perguntas e tratar desses problemas práticos de maneira concreta são os propósitos centrais da *Coleção Pesquisa Qualitativa*.

Os livros da *Coleção Pesquisa Qualitativa* tratam das principais questões que surgem quando fazemos pesquisa qualitativa. Cada livro aborda métodos fundamentais (como grupos focais) ou materiais fundamentais (como dados visuais) usados para estudar o mundo social em termos qualitativos. Mais além, os livros incluídos na *Coleção* foram redigidos tendo em mente as necessidades dos diferentes tipos de leitores, de forma que a *Coleção* como um todo e cada livro em si serão úteis para uma ampla gama de usuários:

- *Profissionais* da pesquisa qualitativa nos estudos das ciências sociais, na pesquisa médica, na pesquisa de mercado, na avaliação, nas questões organizacionais, na administração de empresas, na ciência cognitiva, etc., que enfrentam o problema de planejar e realizar um determinado estudo usando métodos qualitativos.
- *Professores universitários* que trabalham com métodos qualitativos poderão usar esta série como base para suas aulas.
- *Estudantes de graduação e pós-graduação* em ciências sociais, enfermagem, educação, psicologia e outros campos em que os métodos qualitativos são uma parte (principal) da formação universitária, incluindo aplicações práticas (por exemplo, para escrever uma tese).

Cada livro da *Coleção Pesquisa Qualitativa* foi escrito por um autor destacado, com ampla experiência em seu campo e com prática nos métodos sobre os quais escreve. Ao ler a *Coleção* completa de livros, do início ao fim, você encontrará, repetidamente, algumas questões centrais a qualquer tipo de pesquisa qualitativa, como ética, desenho de pesquisa ou avaliação de qualidade. Entretanto, em cada livro, essas questões são tratadas do ponto de vista metodológico específico dos autores e das abordagens que descrevem. Portanto, você poderá encontrar diferentes enfoques às questões de qualidade ou sugestões diferenciadas de como analisar dados qualitativos nos diferentes livros, que se combinarão para apresentar um quadro abrangente do campo como um todo.

O QUE É A PESQUISA QUALITATIVA?

É cada vez mais difícil encontrar uma definição comum de pesquisa qualitativa que seja aceita pela maioria das abordagens e dos pesquisadores do campo. A pesquisa qualitativa não é mais apenas a "pesquisa *não* quantitativa", tendo desenvolvido uma identidade própria (ou, talvez, várias identidades).

Apesar dos muitos enfoques existentes à pesquisa qualitativa, é possível identificar algumas características comuns. Esse tipo de pesquisa visa a abordar o mundo "lá fora" (e não em contextos especializados de pesquisa, como os laboratórios) e entender, descrever e, às vezes, explicar os fenômenos sociais "de dentro" de diversas maneiras diferentes:

- Analisando experiências de indivíduos ou grupos. As experiências podem estar relacionadas a histórias biográficas ou a práticas (cotidianas ou profissionais), e podem ser tratadas analisando-se conhecimento, relatos e histórias do dia a dia.
- Examinando interações e comunicações que estejam se desenvolvendo. Isso pode ser baseado na observação e no registro de práticas de interação e comunicação, bem como na análise desse material.
- Investigando documentos (textos, imagens, filmes ou música) ou traços semelhantes de experiências ou interações.

Essas abordagens têm em comum o fato de buscarem esmiuçar a forma como as pessoas constroem o mundo à sua volta, o que estão fazendo ou o que está lhes acontecendo em termos que tenham sentido e que ofereçam uma visão rica. As interações e os documentos são considerados como formas de constituir, de forma conjunta (ou conflituosa), processos e artefatos sociais. Todas essas abordagens representam formas de sentido, as quais podem ser reconstruídas e analisadas com diferentes métodos qualitativos que permitam ao pesquisador desenvolver modelos, tipologias, teorias (mais ou menos generalizáveis) como formas de descrever e explicar as questões sociais (e psicológicas).

POR QUE SE FAZ PESQUISA QUALITATIVA?

Levando-se em conta que existem diferentes enfoques teóricos, epistemológicos e metodológicos, e que as questões estudadas também são muito diferentes, é possível identificar formas comuns de fazer pesquisa qualitativa? Podem-se, pelo menos, identificar algumas características comuns na forma como ela é feita.

- Os pesquisadores qualitativos estão interessados em ter acesso a experiências, interações e documentos em seu contexto natural, e de uma forma que dê espaço às suas particularidades e aos materiais nos quais são estudados.
- A pesquisa qualitativa se abstém de estabelecer um conceito bem definido daquilo que se estuda e de formular hipóteses no início para depois testá-las. Em vez disso, os conceitos (ou as hipóteses, se forem usadas) são desenvolvidos e refinados no processo de pesquisa.
- A pesquisa qualitativa parte da ideia de que os métodos e a teoria devem ser adequados àquilo que se estuda. Se os métodos existentes não se ajustam a uma determinada questão ou a um campo concreto, eles serão adaptados ou novos métodos e novas abordagens serão desenvolvidos.
- Os pesquisadores, em si, são uma parte importante do processo de pesquisa, seja em termos de sua própria presença pessoal na condição de pesquisadores, seja em termos de suas experiências no campo e com a capacidade de reflexão que trazem ao todo, como membros do campo que se está estudando.
- A pesquisa qualitativa leva a sério o contexto e os casos para entender uma questão em estudo. Uma grande quantidade de pesquisa qualitativa se baseia em estudos de caso ou em séries desses estudos, e, com frequência, o caso (sua história e complexidade) é importante para entender o que está sendo estudado.
- Uma parte importante da pesquisa qualitativa está baseada em texto e na escrita, desde notas de campo e transcrições até descrições e interpretações, e, finalmente, à interpretação dos resultados e da pesquisa como um todo. Sendo assim, as questões relativas à transformação de situações sociais complexas (ou outros materiais, como imagens) em textos, ou seja, de transcrever e escrever em geral, preocupações centrais da pesquisa qualitativa.

- Mesmo que os métodos tenham de ser adequados ao que está em estudo, as abordagens de definição e avaliação da qualidade da pesquisa qualitativa (ainda) devem ser discutidas de formas específicas, adequadas à pesquisa qualitativa e à abordagem específica dentro dela.

☑ A ABRANGÊNCIA DA *COLEÇÃO PESQUISA QUALITATIVA*

O livro *Desenho da pesquisa qualitativa* (Uwe Flick) apresenta uma breve introdução à pesquisa qualitativa do ponto de vista de como desenhar e planejar um estudo concreto usando esse tipo de pesquisa de uma forma ou de outra. Visa a estabelecer uma estrutura para os outros livros da *Coleção*, enfocando problemas práticos e como resolvê-los no processo de pesquisa. O livro trata de questões de construção de desenho na pesquisa qualitativa, aponta as dificuldades encontradas para fazer com que um projeto de pesquisa funcione e discute problemas práticos, como os recursos na pesquisa qualitativa, e questões mais metodológicas, como a qualidade e ética em pesquisa qualitativa.

Dois livros são dedicados à coleta e à produção de dados na pesquisa qualitativa. *Etnografia e observação participante* (Michael Angrosino) é dedicado ao enfoque relacionado à coleta e à produção de dados qualitativos. Neste caso, as questões práticas (como a escolha de lugares, de métodos de coleta de dados na etnografia, problemas especiais em sua análise) são discutidas no contexto de questões mais gerais (ética, representações, qualidade e adequação da etnografia como abordagem). Em *Grupos focais*, Rosaline Barbour apresenta um dos mais importantes métodos de produção de dados qualitativos. Mais uma vez, encontramos um foco intenso nas questões práticas de amostragem, desenho e análise de dados, e em como produzi-los em grupos focais.

Dois outros livros são dedicados a analisar tipos específicos de dados qualitativos. *Dados visuais para pesquisa qualitativa* (Marcus Banks) amplia o foco para o terceiro tipo de dado qualitativo (para além dos dados verbais originários de entrevistas e grupos focais e de dados de observação). O uso de dados visuais não apenas se tornou uma tendência importante na pesquisa social em geral, mas também coloca os pesquisadores diante de novos problemas práticos em seu uso e em sua análise, produzindo novas questões éticas. Em *Análise de dados qualitativos* (Graham Gibbs), examinam-se várias abordagens e questões práticas relacionadas ao entendimento dos dados qualitativos. Presta-se atenção especial às práticas de codificação, à comparação e ao uso da análise informatizada de dados qualitativos. Nesse caso, o foco está nos dados verbais, como entrevistas, grupos focais ou biografias. Questões práticas como gerar um arquivo, transcrever vídeos e analisar discursos com esse tipo de dados são abordados nesse livro.

Qualidade na pesquisa qualitativa (Uwe Flick) trata da questão da qualidade dentro da pesquisa qualitativa. Nesse livro, a qualidade é examinada a partir do uso ou da reformulação de critérios existentes para a pesquisa qualitativa, ou da formulação de novos critérios. Esse livro examina os debates em andamento sobre o que deve ser definido como "qualidade" e validade em metodologias qualitativas, e analisa as muitas estratégias para promover e administrar a qualidade na pesquisa qualitativa. Presta-se atenção especial à estratégia de triangulação na pesquisa qualitativa e ao uso desse tipo de pesquisa no contexto da promoção da qualidade.

Antes de continuar a descrever o foco deste livro e seu papel dentro da *Coleção*, gostaria de agradecer a algumas pessoas que foram importantes para fazer com que essa *Coleção* se concretizasse. Michael Carmichael me propôs este projeto há algum tempo e ajudou muito no início, fazendo sugestões. Patrick Brindle assumiu e deu continuidade a esse apoio, assim como Vanessa Harwood e Jeremy Toynbee, que fizeram livros a partir dos materiais que entregamos.

SOBRE ESTE LIVRO
Uwe Flick

Na história da pesquisa qualitativa bem como no seu desenvolvimento recente, a etnografia e a observação participante desempenharam um papel fundamental. Muito do que se sabe sobre relações de campo, sobre abertura e direcionamento rumo a um campo e seus membros, sabe-se através da pesquisa etnográfica. Embora ela seja estreitamente ligada ao método da observação participante, tenha sido baseada nele ou talvez mais recentemente o tenha substituído, a etnografia sempre incluiu vários métodos de coleta de dados. Com bastante frequência encontramos uma combinação de observação, participação, entrevistas mais ou menos formais, uso de documentos e outros traços de eventos na etnografia. Ao mesmo tempo, nem todo assunto relevante é acessível à etnografia e a observação participante. A amostragem neste contexto é menos enfocada nas pessoas a serem selecionadas para a pesquisa do que na escolha de campos ou instituições, ou mais comumente, locais para observação. Chegando ao fim do século XX, as discussões metodológicas na etnografia deslocaram-se cada vez mais das preocupações com coleta de dados e ter de encontrar um papel no campo para questões de escrever sobre o campo, a pesquisa, as experiências de campo e os relatórios feitos a partir dele. A análise de dados etnográficos muitas vezes é direcionada para a busca de modelos de comportamentos, interações e práticas.

Neste livro, os fundamentos da pesquisa etnográfica e observacional são detalhadamente desdobrados. Enquanto os outros livros enfocam mais grupos focais (Barbour, 2007) ou imagens (Banks, 2007), este livro traz a pragmática da pesquisa de campo ao escopo da *Coleção Pesquisa Qualitativa*. Ao mesmo tempo, ele pode ser complementado pela análise mais detalhada do uso dessas fontes (de entrevistas a dados visuais) no contexto mais geral da etnografia. Os livros sobre análise de dados (Gibbs, 2007), projetos e qualidade em pesquisa qualitativa (Flick, 2007a, b) acrescentam um pouco mais de contexto ao que é esboçado aqui com certo detalhe. Aqueles livros, somados a este, permitem decidir quando usar a etnografia e a observação e fornecem uma base metodológica e teórica para usar essa estratégia no campo. Aqui, os estudos exemplares repetidamente usados, como ilustração, ajudam a ver a etnografia não tanto como um método, mas mais como uma estratégia, e a ver quando ela é adequada aos campos e questões em estudo.

1

ETNOGRAFIA E OBSERVAÇÃO PARTICIPANTE

Objetivos do capítulo

Após a leitura deste capítulo, você deverá:

- conhecer as definições de trabalho dos nossos pontos-chave: etnografia e observação participante;
- ser capaz de comparar e contrastar os usos do termo "etnografia" tanto como método quanto como produto;
- entender a observação participante tanto como um estilo que pode ser adotado por pesquisadores etnográficos quanto como um contexto ao qual uma variedade de técnicas de coleta de dados pode ser adaptada.

☑ UMA BREVE HISTÓRIA DA PESQUISA ETNOGRÁFICA

Etnografia significa literalmente a descrição de um povo. É importante entender que a etnografia lida com gente no sentido coletivo da palavra, e não com indivíduos. Assim sendo, é uma maneira de estudar pessoas em grupos organizados, duradouros, que podem ser chamados de comunidades ou sociedades. O modo de vida peculiar que caracteriza um grupo é entendido como a sua cultura. Estudar a cultura envolve um exame dos comportamentos, costumes e crenças aprendidos e compartilhados do grupo.

Foi em fins do século XIX e início do XX que os antropólogos começaram a utilizar o método etnográfico para estudo dos grupos humanos, a partir da convicção de que as especulações acadêmicas dos filósofos sociais eram inadequadas para entender como viviam as pessoas reais. Eles chegaram à conclusão de que apenas em campo um estudioso poderia encontrar verdadeiramente a dinâmica da experiência humana vivida. A partir da Inglaterra (e de outras partes do Império Britânico, mais tarde Comunidade Britânica, como Austrália e Índia), pesquisadores desenvolveram uma forma inicial de pesquisa etnográfica. Ela refletia o seu trabalho de campo em áreas ainda então sob controle colonial, tais como as sociedades na África ou no Pacífico que pareciam estar preservadas em suas formas tradicionais. Em retrospecto, é claro, podemos ver como o encontro colonial mudou drasticamente muitas daquelas sociedades, mas há cem anos era ainda possível olhá-las e considerá-las como relativamente intocadas pelo mundo exterior. Os britânicos, portanto, enfatizaram um estudo das instituições duradouras da sociedade; este procedimento veio a ser chamado de antropologia social. Os dois antropólogos sociais mais influentes da escola britânica foram A.R. Radcliffe-Brown e Bronislaw Malinowski (McGee e Warms, 2003, ver p. 153-215).

Por outro lado, os antropólogos nos Estados Unidos estavam interessados em estudar os índios norte-americanos, cujos modos de vida tradicionais já haviam sido drasticamente alterados, se não completamente destruídos. Os antropólogos dos Estados Unidos não podiam supor que esses índios vivessem no contexto de instituições sociais que representassem efetivamente sua condição nativa. Se não se pudesse encontrar a cultura naquelas instituições, ela teria então de ser reconstruída através da memória histórica dos sobreviventes. Assim, a antropologia americana veio a ser chamada de antropologia cultural. O antropólogo cultural mais influente foi Franz Boas, que treinou toda uma geração de estudiosos americanos, entre eles Alfred Kroeber, Ruth Benedict, Margaret Mead e Robert Lowie (McGee e Warms, 2003, ver p. 128-152).

Malinowski e Boas eram ambos fortes defensores da pesquisa de campo e ambos defendiam aquilo que veio a ser conhecido como observação participante, um modo de pesquisar que coloca o pesquisador no meio da comunidade que ele está estudando. Por causa de complicações causadas pelas condições internacionais durante a Primeira Guerra Mundial, Malinowski, que estava fazendo um estudo de campo das Ilhas de Trobriand (Pacífico Oeste), ficou retido no seu campo de pesquisa durante quatro anos. Embora raramente tenha sido possível duplicar aquela façanha não planejada, a etnografia de Malinowski sobre os trobriandeses é com frequência tomada como a áurea medida para a imersão total de longo prazo de um pesquisador na sociedade estudada.

> *Os pioneiros da pesquisa de campo acreditavam que estavam aderindo a um método consoante com o das ciências naturais, mas o fato de estarem vivendo nas próprias comunidades por eles analisadas introduziu um grau de subjetividade nas suas análises que estava em dissonância com o senso comum do método científico.*

A partir da década de 1920, sociólogos da Universidade de Chicago adaptaram os métodos de pesquisa etnográfica de campo dos antropólogos ao estudo de grupos sociais em comunidades "modernas" nos Estados Unidos (Bogdan e Biklen, 2003). A influência da "Escola de Chicago" estendeu-se a áreas como educação, negócios, saúde pública, enfermagem e comunicação.

☑ TEORIAS DA CULTURA E PESQUISA ETNOGRÁFICA

À medida que o método etnográfico se espalhou pelas disciplinas, ele ficou associado a uma ampla variedade de orientações teóricas.

- funcionalismo
- interacionismo simbólico
- feminismo
- marxismo
- etnometodologia
- teoria crítica
- estudos culturais
- pós-modernismo

FUNCIONALISMO

Escola de antropologia dominante na Inglaterra durante a maior parte do século XX, o funcionalismo tem ligações metodológicas e filosóficas de longa data com a sociologia, tanto no Reino Unido quanto nos Estados Unidos. O funcionalismo é caracterizado pelos seguintes conceitos básicos:

- A *analogia orgânica*, o que concebe a sociedade de modo análogo a um organismo biológico, com estruturas e funções paralelas às dos sistemas físico-orgânicos. Cada instituição social, tal como um órgão, tem uma função específica a desempenhar para manter vivo o organismo/sociedade inteiro, mas nenhum deles pode operar perfeitamente a menos que esteja corretamente conectado a todos os demais órgãos da instituição.
- Um *modelo orientado de acordo com as ciências naturais*, o que significa que a sociedade deve ser estudada empiricamente, para melhor desvelar seus padrões subjacentes e sua ordenação geral.
- Um *estreitamento do campo conceitual*, o que significa que os funcionalistas preferem enfocar a sociedade e seus subsistemas (por exemplo, família, economia, instituições políticas e crenças); eles deram relativamente pouca atenção à arte, à linguagem, ao desenvolvimento de personalidade, à tecnologia e ao ambiente.
- Uma pretensão de *universalidade*, o que significa presumir que todas as instituições sociais e suas respectivas funções são encontradas em estruturas equivalentes, em todas as sociedades.
- A *preeminência dos estudos de parentesco*, o que significa que os laços de família são considerados a "cola" que mantém as sociedades coesas; nas sociedades modernas, outras instituições desempenham funções equivalentes aos da família tradicional, mas presume-se que sempre façam isso a partir do modelo da família.
- Uma *tendência para o equilíbrio*, o que significa supor que as sociedades devem ser caracterizadas por harmonia e consistência interna; as perturbações ou anomalias são, ao fim e ao cabo, corrigidas por mecanismos existentes dentro da própria sociedade. Esta suposição implica a tendência em ver as sociedades como algo estático em seu equilíbrio global, assim como uma indisposição para estudar fatores históricos responsáveis por mudanças na vida social.

Em termos de método, os funcionalistas são fortes defensores do trabalho de campo baseado em observação participante, que, pelo menos idealmente, é um compromisso de longo prazo, pois a ordem subjacente de uma sociedade só pode ser revelada pela imersão paciente nas vidas das pessoas estudadas. Uma grande ênfase do trabalho de campo etnográfico na tradição funcionalista é a ligação das regras de comportamento (normas) ao comportamento própriamente dito; as divergências entre o que as pessoas disseram que tinham de fazer e o que elas realmente fizeram são desenfatizadas. Tal suposição funciona melhor em comunidades pequenas relativamente homogêneas; assim os funcionalistas preferiram o trabalho de campo nas sociedades tradicionais isoladas ou em vizinhanças contidas nas modernas áreas urbanas.

Os funcionalistas abordam a etnografia como se ela fosse um exercício puramente empírico. Os comportamentos e crenças das pessoas são considerados *fatos sociais* reais; eles são "dados" que devem ser coletados com objetividade por pesquisadores com um mínimo de interpretação. Embora prefiram trabalhar com dados qualitativos (em oposição a dados numéricos gerados por sondagens, etc.), eles defendem a natureza científica da etnografia porque sua coleta de dados está a serviço de uma concepção de ordem na vida social, onde os fatos têm preeminência sobre as interpretações e onde cada evento tem sua função dentro de um sistema coerente.

Pelo fato de o parentesco ser considerado a chave-mestra para a organização social, os funcionalistas se orgulham muito de usar métodos genealógicos para reconstruir e iluminar todos os aspectos de uma sociedade. Eles tendem também a aplicar questionários onde as perguntas são feitas verbalmente por um pesquisador, que preenche o formulário; este método difere do questionário escrito, que é distribuído aos que vão respondê-lo e no qual eles mesmos preenchem os vazios. O ideal é que todas as entrevistas sejam feitas na língua ainda que nativa, algumas vezes se contrate o auxílio de intérpretes.

A pesquisa etnográfica nesta tradição depende muito, portanto, das interações pessoais dos pesquisadores e seus "informantes". Mesmo que os dados sejam considerados objetivamente reais, as circunstâncias nas quais foram coletados não podem ser facilmente reproduzidas. Por isso, a tradição de pesquisa funcionalista enfatiza a *validade* mais do que a "fidedignidade" (sendo esta última um critério do método científico que enfatiza as experiências replicáveis).

A etnografia nesta tradição exige longa imersão em determinadas sociedades. Consideradas as restrições logísticas para se cumprir tal missão, geralmente não é possível conduzir uma pesquisa comparativa genuinamente intercultural. Um retrato comparativo intercultural pode emergir do acréscimo gradual de estudos particulares, mas a realização de um projeto de pesquisa padronizado, conduzido simultaneamente por pesquisadores em diferentes locais não é uma prática corriqueira. Uma consequência possivelmente não intencional dessa tendência é dar uma ênfase exagerada à singularidade percebida em cada sociedade.

A etnografia funcionalista cumpre um programa mais indutivo do que dedutivo na investigação científica. Isto é, os pesquisadores começam com uma tribo, vila, comunidade ou vizinhança especial na qual estão interessados, em vez de começar com um modelo, teoria ou hipótese para testar. Espera-se que temas ou padrões emerjam dos próprios dados coletados ao longo do trabalho de campo. (Ver Turner, 1978, p. 19-120, para um tratamento mais completo da história, filosofia e dos métodos do funcionalismo.)

INTERACIONISMO SIMBÓLICO

Esta orientação foi muito popular em sociologia e psicologia social e também tem alguns adeptos na antropologia. Ao contrário dos cientistas sociais que podem parecer dar ênfase demasiada ao papel da cultura na "formatação" do comportamento humano, os interacionistas preferem ver as pessoas como agentes ativos e não como partes permutáveis de um grande organismo, sofrendo passivamente a ação de forças externas a elas mesmas. A sociedade não é um conjunto de instituições entrelaçadas, como os funcionalistas pensavam, mas um caleidoscópio em constante mutação de indivíduos interagindo uns com os outros. Na medida que muda a natureza dessas interações também a sociedade está em constante mudança. O interacionismo é, portanto, uma abordagem mais dinâmica do que estática no estudo da vida social.

Há muitas variedades de interacionismo (quatro, sete, ou oito, dependendo da versão), mas todas elas compartilham alguns principais pressupostos:

- as pessoas vivem em um mundo de significados aprendidos que são codificadas como *símbolos* e que são compartilhadas através de interações em um grupo social específico;
- símbolos são motivos que impelem as pessoas a desempenhar suas atividades;
- a própria mente humana cresce e muda em resposta à qualidade e à extensão das interações nas quais os indivíduos se envolvem;
- o *self* é uma construção social – nossa noção de quem somos desenvolve-se apenas no curso da interação com os outros.

A pesquisa de campo etnográfica, na tradição interacionista, busca desvelar os significados que os atores sociais atribuem às suas ações. A ênfase funcionalista no comportamento como um conjunto de fatos objetivos é substituída por um delineamento mais subjetivo sobre como as pessoas entendem aquilo que fazem. Alguns interacionistas referem-se a este processo como "introspecção compreensiva", enquanto outros preferem usar a palavra alemã *verstehen* em homenagem ao grande sociólogo alemão Max Weber, que introduziu o conceito no discurso das ciências sociais modernas.

Em todo caso, a implicação é que o pesquisador precisa fazer uma imersão no mundo dos seus sujeitos; ele não pode ser um observador neutro das atividades deles, mas precisa subjetivamente tornar-se um deles. A chave para a etnografia interacionista é descobrir o sistema de símbolos que dá significado ao que as pessoas pensam e fazem.

Um interacionista especialmente influente é o sociólogo Erving Goffman, que desenvolveu o que ele chamou de abordagem *dramatúrgica* no estudo de interações. Ele se preocupava com as maneiras das pessoas agirem e formarem relações, porque acreditava que esses processos ajudavam-nas a alcançar significado para suas vidas. Sua pesquisa frequentemente envolve descrições de como as pessoas constroem suas "apresentações de *self*" e depois representam estas apresentações na frente dos outros. Goffman sugeriu que há intencionalidade por trás dessas performances onde os sujeitos atuam visando a passar a melhor impressão possível (tal como o "ator" a entende) perante seus outros significativos. Elas se tornam não simplesmente "criadores de papéis", mas ativos "atores de papéis".

Por causa de seu interesse na natureza das interações, os interacionistas simbólicos devotaram considerável atenção às interações que são típicas do próprio trabalho de campo etnográfico. De certa forma, eles foram levados a conduzir uma etnografia do fazer etnográfico. Para resumir rapidamente uma vasta bibliografia sobre este assunto, podemos dizer que os papéis interativos dos etnógrafos situam-se ao longo de um *continuum* com quatro pontos principais: (a) o participante completo (o pesquisador está totalmente imerso na comunidade e não divulga sua agenda de pesquisa); (b) o participante-como-observador (o pesquisador está imerso na comunidade mas sabe-se que ele faz pesquisa e tem permissão para fazê-la); (c) o observador-como-participante (o pesquisador está um pouco desligado da comunidade, interagindo com ela apenas em ocasiões específicas, talvez para fazer entrevistas ou assistir eventos organizados); e (d) o completo observador (de longe o pesquisador coleta dados totalmente objetivos sobre a comunidade sem ficar envolvido em suas atividades nem anunciar sua presença). Cada um desses papéis é potencialmente útil, dependendo das circunstâncias, embora pender para o lado "participante" do *continuum* pareça servir mais efetivamente aos objetivos do interacionismo simbólico. (Ver Herman e Reynolds, 1994, para uma revisão mais completa da teoria e métodos da abordagem interacionista. Ver Gold, 1958, para a exposição clássica dos papéis do pesquisador referidos nesta seção.)

FEMINISMO

Esta abordagem do conhecimento ganhou proeminência nas últimas décadas em todas as ciências sociais (e ciências humanas de um modo geral).

Embora ligado ao movimento sociopolítico pelos direitos das mulheres, o feminismo acadêmico não diz respeito apenas às mulheres pesquisadoras; ele representa uma abordagem geral para estudo da condição social humana. Vários princípios básicos caracterizam o feminismo no contexto da ciência social moderna:

- a suposição de que todas as relações sociais são *de gênero*, o que significa que uma consciência de gênero é um dos fatores elementares que determinam o *status* social de uma pessoa;
- a sugestão (não universalmente compartilhada entre feministas, cumpre ressaltar) de que há um certo tipo de "essência" feminina caracterizada pelas qualidades fundamentais de atenção, carinho e uma preferência pela cooperação acima da competição. Esta essência é expressa de diferentes maneiras em diferentes culturas, mas é reconhecida de alguma forma em todas as sociedades. A razão de esta sugestão não ser universalmente aceita é que há uma proposição contrária, qual seja:
- os comportamentos considerados típicos de um ou de outro gênero são mais socialmente adquiridos do que biologicamente herdados; isso não os torna menos importantes nem influentes na maneira como as pessoas agem e pensam, mas muda o foco da investigação da biogenética para a perspectiva sociocultural. Não importa se o gênero é "essencial" ou socialmente adquirido, existe a percepção de que há
- uma *assimetria sexual* universal; mesmo naquelas raras sociedades nas quais homens e mulheres são vistos como mais ou menos parceiros, há um reconhecimento de que homens e mulheres são diferentes uns dos outros, seja por causa de biologia inata ou por causa de processos diferenciais de socialização (as maneiras como aprendemos a incorporar os comportamentos que nossa sociedade nos diz que são apropriados).

Uma abordagem feminista tem algumas implicações claras para a realização da pesquisa etnográfica. Para começar, os feministas tendem a rejeitar a separação tradicional de um pesquisador e seus "informantes". Considera-se que tal distinção reflete as categorias científicas tradicionais que, diga-se o que se disser a seu favor, vêm sendo há muito usadas como uma ferramenta de opressão. A pesquisa científica internacional, com sua ênfase em testes, definições operacionais, escalas e regras, tem servido principalmente aos interesses daqueles que estão no poder, os quais, na maioria dos casos, não incluem mulheres. O pesquisador neutro em controle de todos os elementos de um projeto de pesquisa era um símbolo de autoridade por excelência, e seu poder só era reforçado pelo cumprimento das normas de objetividade e neutralidade na condução da pesquisa. Os feministas buscam descentralizar esta relação através de uma identificação mais próxima com a comunidade em estudo. O ideal científico da neutralidade valorativa é rejeitado pelos feministas, pois buscam ativa e explicitamente promover os interesses das mulheres.

Da mesma forma, os modelos organizados e coerentes de equilíbrio social preferidos pelos funcionalistas (entre outros) são postos de lado em favor de uma visão da vida social entendida como eventualmente desordenada, incompleta, fragmentada. Para tanto, pesquisadores feministas buscam uma forma de etnografia que permita a empatia, a subjetividade e o diálogo, a fim de explorar melhor os mundos interiores das mulheres, até o ponto de ajudá-las a expressar (e assim superar) a sua opressão. A "entrevista" tradicional (que implicitamente coloca o pesquisador em um papel de poder) também é rejeitada em favor de um diálogo mais igualitário, frequentemente incorporado na forma da *história de vida* na qual uma pessoa é incentivada a contar a sua própria história de sua própria maneira e nos seus próprios termos, com um mínimo de interferência do pesquisador. A etnografia baseada na abordagem da história de vida é vista como uma maneira de "dar voz" a pessoas historicamente relegadas às margens da sociedade (e da análise social); é também uma maneira de preservar a integridade dos indivíduos, ao contrário de outras técnicas de entrevista que tendem a segmentá-las em peças analiticamente separadas. (Ver Morgen, 1989, para aprofundar a compreensão da perspectiva feminista emergente.)

MARXISMO

O marxismo teve um enorme impacto no estudo de história, economia e ciência política, mas sua influência nas disciplinas que lidam com comportamento social humano (antropologia, sociologia, psicologia social) tem sido um tanto indireta. É raro encontrar cientistas sociais representantes dessas disciplinas que sejam marxistas no pleno sentido filosófico, e mais raro ainda (especialmente desde a queda da União Soviética) encontrar aqueles que veem o marxismo intrinsecamente como uma ideologia que pode apoiar com sucesso um programa de reforma social. Não obstante, diversos elementos importantes do marxismo continuam no centro do discurso atual sobre sociedade e cultura.

Talvez o conceito de inspiração marxista mais relevante seja o do *conflito*. Os teóricos do conflito propõem que a sociedade seja definida por seus grupos de interesses, que estão necessariamente em competição uns com os outros por recursos básicos, que podem ser econômicos, políticos e/ou de natureza social. Ao contrário dos funcionalistas, que, por considerarem a sociedade governada por algum tipo de sistema de valor fundamental, veem o conflito como uma anomalia que precisa ser superada para que a sociedade possa reestabelecer o equilíbrio, os teóricos do conflito creem que o conflito seja intrínseco à interação humana; de fato, é exatamente ele que suscita a mudança social. Para Marx e seus seguidores o conflito grupal repousa na instituição da *classe social*. As classes surgem de uma divisão fundamental do trabalho dentro da sociedade; elas representam redes de pessoas definidas por seu *status* dentro de uma estrutura hierárquica. Na tradição marxista a mudança social acontece porque há um processo *dialético* – as contradições entre as classes sociais em competição são resolvidas através dos conflitos de interesse. Como o feminismo, o marxismo (ou, mais genericamente, a teoria do conflito) enfoca questões de desigualdade e opressão, embora este prefira pensar em termos de categorias socioeconômicas, como classe, em vez das socioculturais, como gênero, enquanto base de conflitos.

Os estudiosos contemporâneos do marxismo interessam-se especialmente pela questão do colonialismo e de como aquela instituição político-econômica distorceu as relações entre os estados centrais (os que mantêm um controle hegemônico da produção e distribuição dos bens e serviços do mundo, e portanto praticamente monopolizam o poder político e militar) e os periféricos (os que produzem basicamente matérias-primas e ficam perpetuamente dependentes dos primeiros). Este desequilíbrio persiste, apesar de o colonialismo como instituição ter desaparecido no sentido formal. A área de estudos que trata das questões de hegemonia e dependência denomina-se "Teoria do Sistema-Mundo".

Hoje em dia, os estudiosos de economia política estão particularmente interessados no que se chama às vezes de relações materiais, o que implica um estudo da relação dos grupos com a natureza no decorrer da produção, interagindo uns com os outros em relações de produção que os diferencia em classes, e interagindo com os países centrais, que usam seu poder coercitivo para moldar a produção e as relações sociais. Esta perspectiva retira o foco das sociedades, comunidades, vizinhanças e outros grupos fechados em si mesmos para considerar os modos em que grupos locais participam de fluxos regionais e internacionais de pessoas, mercadorias, serviços e poder. Para compreender o que está acontecendo em qualquer lugar, é necessário inserir aquela sociedade/comunidade/cultura no contexto de áreas políticas e econômicas de larga escala nas quais elas são influenciadas por outras sociedades e culturas. A ênfase aqui é de natureza mais *transcultural* do que particularizante.

Considerando essas suposições, parece que o estilo um tanto subjetivo e personalizado da pesquisa etnográfica não se ajustaria bem aos teóricos do conflito nem aos que estudam a economia política de um ponto de vista neo-marxista. Porém, é importante notar que os métodos etnográficos tradicionais podem ser utilizados no estudo de comunidades locais, como vem acontecendo há muito tempo. A diferença crucial, contudo, é que tais estudos etnográficos são projetados para demonstrar não a autonomia e a singularidade dessas comunidades, mas seus nexos com outras comunidades que se encadeiam formando sistemas globais. Além disso, o etnógrafo neo-marxista tenderia a procurar evidências de estruturas, contradições e conflitos de classe considerados inerentes a qualquer formação social, até mesmo em sociedades que na superfície podem parecer igualitárias, não hierárquicas e em um estado aparentemente próximo do equilíbrio. (Ver Wolf, 1982, para uma excelente exposição dos princípios da economia política neo-marxista e as maneiras como a pesquisa tradicional sobre cultura pode ser transformada para atender aos objetivos desta perspectiva teórica.)

ETNOMETODOLOGIA

Esta forma de estudar o comportamento humano exerceu especial influência na sociologia. O objetivo dos etnometodólogos tem sido explicar como o sentido de realidade de um grupo é construído, mantido e transformado. Baseia-se em duas proposições principais:

- A interação humana é *reflexiva*, o que significa que as pessoas interpretam ações significativas (tais como palavras, gestos, linguagem corporal, uso de espaço e tempo) de forma a manter uma visão compartilhada de realidade; qualquer evidência que pareça contradizer a visão compartilhada ou é rejeitada ou é de alguma forma racionalizada no interior do sistema dominante.
- A informação é *indexada*, o que significa que ela tem significado dentro de um contexto específico, sendo importante então conhecer as biografias dos atores em interação, seus propósitos declarados, e suas interações anteriores a fim de entender o que está acontecendo em uma específica situação observada.

A pesquisa etnometodológica presume que a ordem social é mantida pelo uso de técnicas que dão aos participantes de interações a sensação de compartilhar uma realidade comum. Além disso, o real conteúdo daquela realidade é menos importante do que o fato de os envolvidos aceitarem as técnicas projetadas para manter a interação. Algumas das técnicas mais importantes – que os etnometodólogos procuram quando estudam contextos sociais – são:

- A busca de uma forma "normal", o que significa que se os participantes da interação começarem a sentir que podem não concordar sobre algo que está acontecendo, sinalizarão, uns para os outros, a necessidade de retorno à "normalidade" presumida naquele contexto.

- A confiança em uma "reciprocidade de perspectiva"; o que significa que as pessoas comunicam ativamente a crença (aceita como fato) de que suas experiências são intercambiáveis, mesmo que implicitamente elas se deem conta de que estão "vindo de lugares diferentes".
- O uso do "princípio de *et cetera*", o que significa que em qualquer interação muita coisa fica sem ser dita, de modo que os participantes da interação precisam preencher os vazios ou aguardar a informação necessária para entender as palavras ou ações do outro; implicitamente eles concordam em não interromper para pedir esclarecimentos de forma explícita.

Estas técnicas são quase sempre de natureza subconsciente e, como tal, aceitas como evidentes pelos membros de uma sociedade. O trabalho de um pesquisador é, então, descobrir esses significados encobertos. Já que não adianta pedir que as pessoas elucidem ações das quais elas nem estão conscientes, os etnometodólogos preferem a observação direta à pesquisa baseada em entrevistas. Certamente, eles refinaram os métodos observacionais até a menor das "microtrocas", tais como a análise da conversação. Alguns etnometodólogos afirmam que a linguagem é a base fundamental da ordem social, pois é o veículo da comunicação que sustenta tal ordem em primeiro lugar.

Os etnometodólogos usam o método etnográfico para lidar com o que é mais facilmente observável, concebido como o dado mais "real". Na maioria dos casos, esta realidade ganha substância nas tentativas de indivíduos em interação de persuadir uns aos outros que a situação na qual eles se encontram está simultaneamente ordenada e apropriada ao cenário social imediato. O que é "realmente real", como disseram alguns analistas, são os métodos que algumas pessoas usam para construir, manter e algumas vezes sutilmente alterar umas para as outras um determinado senso de ordem. O conteúdo daquilo que estão dizendo ou fazendo é menos real do que as técnicas que usam para se convencerem mutuamente sobre o que é real. A implicação é que a etnografia não está habituada a estudar alguns grandes sistemas transcendentes como "cultura" ou "sociedade", já que tais abstrações nunca poderão verdadeiramente ordenar o comportamento das pessoas. Em vez disso, a pesquisa etnográfica é projetada para descobrir como as pessoas convencem umas às outras de que realmente existe uma coisa chamada "sociedade" ou "cultura" no sentido de normas coerentes guiando sua interação. Não há nenhum "sentido de ordem" predeterminado que torna a sociedade possível; ao contrário, a capacidade dos indivíduos de criar e usar métodos para persuadir uns aos outros de que há um mundo social real ao qual ambos pertencem – e fazer isso ativa e continuamente – é a tese central da etnometodologia.

O trabalho da etnografia, então, para os etnometodólogos, não é responder à questão "O que é 'cultura'?" ou "O que é 'sociedade'?", mas responder à questão "Como as pessoas se convencem de que 'cultura' e 'sociedade' são proposições viáveis?" (Ver Mehan e Wood, 1975, para uma clara exposição da posição etnometodológica.)

TEORIA CRÍTICA

Este termo genérico compreende uma variedade de abordagens no estudo da sociedade e da cultura contemporâneas. O nexo central é, como o título sugere, o uso da ciência social para desafiar os pressupostos das instituições dominantes da sociedade. O feminismo e o marxismo, de fato, participam desta empreitada e podem ser considerados variantes da "teoria crítica", embora tenham suas próprias e distintas histórias e bibliografias. Nesta seção, contudo, podemos considerar os pesquisadores que usam métodos etnográficos para estudar e influir nas políticas públicas e participar ativamente em movimentos políticos por mudança social, muitas vezes desempenhando um papel de porta-voz que vai muito além das noções tradicionais de neutralidade do pesquisador.

A principal abordagem filosófica dos etnógrafos críticos é o desenvolvimento de epistemologias de múltiplas perspectivas e representa um desafio explícito ao pressuposto tradicional de que havia uma definição objetiva e universalmente entendida daquilo que constitui uma cultura. Quando um funcionalista, por exemplo, descrevia uma determinada comunidade, entendia que esta descrição poderia ter sido gerada por qualquer pesquisador bem preparado e que era consenso geral entre as pessoas da comunidade que as coisas eram assim mesmo. Uma relativização de perspectivas, todavia, baseia-se no pressuposto de que não apenas haverá inevitavelmente diferentes correntes de opinião dentro da comunidade, mas que diferentes etnógrafos, que trazem por assim dizer suas próprias bagagens, produzirão diferentes imagens daquilo que observaram. As diferentes correntes de opinião podem não estar em conflito explícito umas com as outras, como na teoria marxista, mas elas certamente não favorecem a homogeneidade cultural ou social. Para a Teoria Crítica, então, é importante saber qual segmento da sociedade está sendo estudado por qual etnógrafo. Por conseguinte, um retrato que pretenda representar uma visão mais geral é, nesta abordagem, intrinsecamente suspeito.

Os teóricos críticos passaram assim a preferir um estilo de pesquisa etnográfica *dialógico*, *dialético* e *colaborativo*. Uma etnografia dialógica é aquela que não é baseada nas relações de poder tradicionais de entrevistador e "informante". Em vez disso, o pesquisador estabelece conversações recíprocas com as pessoas da comunidade. O sentido de uma perspectiva "dialética" é que a verdade emerge da confluência de opiniões, valores, crenças e comportamentos divergentes e não de alguma falsa homogenização imposta de fora. Além disso, as pessoas da comunidade absolutamente não são "objetos de conhecimento"; são colaboradores ativos no esforço de pesquisa. De fato, em certas formas de pesquisa crítica (especialmente a que é conhecida como *pesquisa-ação*), não se medem esforços para envolver toda a comunidade como parceiros ativos no desenho e na implementação da pesquisa. No cenário ideal, a principal tarefa do pesquisador é treinar membros da comunidade em técnicas de pesquisa para que eles mesmos possam fazê-la. Todas essas tendências ajudam a criar um estilo da pesquisa deliberadamente crítico; tanto na maneira como a pesquisa é conduzida quanto nas descobertas dela resultantes, há um desafio explícito ao *status quo*. (Ver Marcus, 1999, para uma seleção de textos sobre teoria crítica em antropologia e disciplinas afins.)

ESTUDOS CULTURAIS

Outra forma de teoria crítica que emergiu nos últimos anos como um importante domínio de estudo são os *estudos culturais*, um campo de pesquisa que examina como a vida das pessoas é moldada por estruturas repassadas historicamente de geração a geração. Os especialistas em estudos culturais estão preocupados antes de tudo com textos culturais, instituições como os meios de comunicação, e manifestações da cultura popular que representam convergências entre história, ideologia e experiências subjetivas. O objetivo da etnografia em relação aos textos culturais é discernir como "o público" se relaciona a tais textos, e determinar como os significados hegemônicos são produzidos, distribuídos e consumidos.

Uma importante característica dos estudos culturais é esperar que os pesquisadores sejam *autorreflexivos*, o que significa estarem tão preocupados com quem eles são (em relação a gênero, raça, etnicidade, classe social, orientação sexual, idade e assim por diante) como fator determinante de como eles veem a cultura e a sociedade quanto estão com os artefatos da cultura e a sociedade em si. Os etnógrafos tradicionais, de certa maneira, eram não pessoas – como se fossem extensões de seus gravadores. Pesquisadores de estudos culturais, ao contrário, estão hiperconscientes de suas próprias biografias, que são consideradas como partes legítimas do estudo.

O campo de estudos culturais é por definição interdisciplinar e assim seus métodos derivam da antropologia, sociologia, psicologia e história. Essa escola já foi criticada por favorecer a "teoria" – por produzir suas análises à base de quadros conceituais abstratos em vez de fazer trabalho de campo. Embora isso possa ser verdade em alguns casos, também é verdade que métodos fundamentais de observação, entrevista e pesquisa em arquivos, que podem ser usados por qualquer outro pesquisador social, também fazem parte da caixa de ferramentas dos especialistas em estudos culturais. Contudo, estes últimos se juntam a outros na teoria crítica ao insistirem que tais métodos sejam postos a serviço de um contínuo desafio ao *status quo*, cultural e social. Embora outros estudiosos críticos possam preferir usar suas pesquisas para lutar por determinados resultados políticos, os especialistas em estudos culturais tendem mais a pensar em termos de uma crítica geral da própria cultura. (Ver Storey, 1998, para uma apresentação dos principais conceitos e abordagens dos estudos culturais.)

PÓS-MODERNISMO

Várias dessas abordagens desenvolvidas mais recentemente também foram amontoadas sob o rótulo de *pós-modernismo*. "Modernismo" foi o movimento nas ciências sociais que buscou emular o método científico em sua objetividade e busca de modelos gerais. Já o "pós-modernismo", por seu termo, representa tudo o que desafia esse programa positivista. O pós-modernismo abraça a pluralidade da experiência, critica as certezas a respeito das "leis" gerais do comportamento humano e situa todo o conhecimento social, cultural e histórico em contextos moldados por gênero, raça e classe.

Embora signifique muitas coisas para diferentes autores, alguns princípios são recorrentes no vasto espectro de pesquisa identificado como "pós-modernista":

- Os centros tradicionais de autoridade são explicitamente desafiados; esta atitude é dirigida não apenas às instituições de dominação hegemônica na sociedade em geral, mas também aos pilares do *establishment* científico. Os pós-modernistas repelem a presunção de cientistas de "falar por" quem eles estudam.
- A vida humana é fundamentalmente dialógica e polivocal, ou seja, nenhuma comunidade pode ser descrita como uma entidade homogênea em equilíbrio; a sociedade é, por definição, um conjunto de centros de interesse que falam com muitas vozes sobre o que sua cultura é e não é; por conseguinte, a pesquisa etnográfica deve levar em conta as múltiplas vozes com as quais as comunidades de fato falam. "Cultura" e "sociedade" são conceitos resultantes de um processo de construção social não representando entidades objetivas – embora isso não os torne nem um pouco menos "reais".
- A etnografia é menos um registro científico objetivo e mais um tipo de texto literário; ela é um produto do uso imaginativo de recursos literários,

como metáforas e símbolos, na mesma escala em que é objetiva. Ademais, o texto etnográfico não precisa ficar restrito às formas tradicionais de monografia escolar, artigo de revista, ou conferência expositiva; ele pode ser incorporado em filme, teatro, poesia, romance, mostras pictóricas, música, e assim por diante. Um importante corolário desta proposição é a presunção de que o etnógrafo é um "autor" do texto - ele ou ela figura na história como muito mais do que um simples e neutro relator de "dados" objetivos. (Ver Clifford e Marcus, 1986, e Marcus e Fischer, 1986, duas influentes exposições sobre a posição pós-moderna.)
- Há uma mudança de ênfase dos modelos bem comportados de determinação e causalidade para a explicação de significado, que exige um processo de interpretação.
- O estudo de qualquer cultura, sociedade, ou qualquer outro fenômeno como tal é essencialmente relativístico - as forças que moldam esse fenômeno são muito distintas daquelas que produzem outros fenômenos, tanto que generalizações sobre processos sociais e culturais estão fadadas a ser enganadoras.

ETNOGRAFIA: PRINCÍPIOS BÁSICOS

Não obstante a diversidade de posições que os etnógrafos podem assumir, podemos sublinhar alguns aspectos importantes que ligam as muitas e variadas abordagens:
- Uma busca de modelos começa com observações cuidadosas de comportamentos vividos e entrevistas detalhadas com gente da comunidade em estudo. Quando os etnógrafos falam de "cultura", ou "sociedade", ou "comunidade", é importante ter em mente que eles estão falando em termos que são abstrações gerais baseadas em numerosas informações que fazem sentido para o etnógrafo que tem uma visão panorâmica global do todo social ou cultural que as pessoas que nele vivem podem não ter.
- Os etnógrafos precisam prestar muita atenção aos processos de pesquisa de campo. É preciso estar sempre atento aos modos pelos quais se tem acesso ao campo, ao modo como se estabelecem afinidades com as pessoas que lá vivem, e se ele se torna um membro ativo daquele grupo.

DEFINIÇÕES

Assim neste ponto podemos afirmar que

> *a etnografia é a arte e a ciência de descrever um grupo humano - suas instituições, seus comportamentos interpessoais, suas produções materiais e suas crenças.*

Apesar de ter sido desenvolvida como uma maneira de estudar sociedades de pequena escala, tradicionais e iletradas e de recontruir suas tradições culturais, a etnografia é praticada hoje em todos os tipos de condições sociais. Em qualquer situação,

> os etnógrafos se ocupam basicamente das vidas cotidianas rotineiras das pessoas que eles estudam.

Os etnógrafos coletam dados sobre as experiências humanas vividas a fim de discernir *padrões previsíveis* do que de descrever todas as instâncias imagináveis de interação ou produção.

A etnografia é feita *in loco* e o etnógrafo é, na medida do possível, alguém que participa subjetivamente nas vidas daqueles que estão sendo estudados, assim como um *observador* objetivo daquelas vidas.

A ETNOGRAFIA COMO MÉTODO

O método etnográfico é diferente de outros modos de fazer pesquisa em ciência social.

- Ele é *baseado na pesquisa de campo* (conduzido no local onde as pessoas vivem e não em laboratórios onde o pesquisador controla os elementos do comportamento a ser medido ou observado).
- É *personalizado* (conduzido por pesquisadores que, no dia a dia, estão face a face com as pessoas que estão estudando e que, assim, são tanto participantes quanto observadores das vidas em estudo).
- É *multifatorial* (conduzido pelo uso de duas ou mais técnicas de coleta de dados – os quais podem ser de natureza qualitativa ou quantitativa – para triangular uma conclusão, que pode ser considerada fortalecida pelas múltiplas vias com que foi alcançada; ver também Flick, 2007b, para uma discussão desse tema).
- Ele requer um compromisso de *longo prazo*, ou seja, é conduzido por pesquisadores que pretendem interagir com as pessoas que eles estão estudando durante um longo período de tempo (embora o tempo exato possa variar, digamos, de algumas semanas a um ano ou mais).
- É *indutivo* (conduzido de modo a usar um acúmulo descritivo de detalhe para construir modelos gerais ou teorias explicativas, e não para testar hipóteses derivadas de teorias ou modelos existentes).
- É *dialógico* (conduzido por pesquisadores cujas conclusões e interpretações podem ser discutidas pelos intormantes na medida em que elas vão se formando).
- É *holístico* (conduzido para revelar o retrato mais completo possível do grupo em estudo).

A ETNOGRAFIA COMO UM PRODUTO

Os resultados de certas formas de coleta de dados etnográficos podem ser reduzidos a tabelas, gráficos e diagramas, mas ao todo o relatório etnográfico acabado toma a forma de narrativa, uma longa história cuja meta principal é reproduzir para o leitor a experiência de interação e vivência do etnógrafo numa determinada comunidade. A forma de narrativa mais comum é a prosa, que lança mão, com frequência (conscientemente ou não), de algumas técnicas literárias comuns à arte de contar histórias. (Se o etnógrafo escolhe narrar a história em uma forma diferente da prosa, então a "narrativa" resultante será igualmente influenciada pelas convenções artísticas de artes visuais, dança, cinema, ou seja o que for.)

Entre os muitos modos pelos quais um etnógrafo pode contar uma historia, três parecem ser as mais frequentes:

- Histórias contadas de modo realístico são retratos objetivos e despersonalizados, feitos por um analista emocionalmente neutro – mesmo que ele tenha sido pessoa participante e engajada emocionalmente durante a própria realização da pesquisa.
- Histórias contadas de modo confessional são aquelas nas quais o etnógrafo torna-se um personagem central e a história da comunidade em estudo é explicitamente contada de seu particular ponto de vista.
- Histórias contadas de modo impressionista adotam abertamente procedimentos literários ou de outras artes – como uso de diálogo, descrição elaborada de personagens, descrições evocativas de paisagem ou ambiência, estrutura narrativa com *flashback* e *flashforward*, uso de metáforas). (Ver van Maanen, 1988, para uma exposição clássica dessas e de outras histórias do trabalho de campo.)

Apesar do formato de narrativa, qualquer relatório etnográfico precisa, de alguma maneira, incluir vários pontos-chave se for cumprir as metas tanto da ciência como da literatura ou da arte:

- Em primeiro lugar, deve haver *uma introdução* na qual a atenção do leitor é capturada e na qual o pesquisador explica por que seu estudo tem valor analítico.
- Então pode haver uma *caracterização da cena* na qual o pesquisador descreve o campo onde faz a pesquisa e explica o que ele fez para coletar os dados naquele cenário; muitos autores usam o termo *descrição densa* para indicar a maneira pela qual a cena é mostrada (embora o leitor deva ter cautela, pois este termo também é usado de várias outras maneiras que fogem da nossa discussão nesta sessão). "Descrição densa" é a apresentação de detalhes, contexto, emoções e as nuances de relacionamento social a fim de evocar o "sentimento"

de uma cena e não apenas seus atributos superficiais. (Ver Geertz, 1973, para o tratamento clássico desta questão e uma elaboração de suas ramificações para a realização da pesquisa etnográfica.)
- Em seguida vem uma análise na qual o pesquisador descreve em numerosos detalhes um conjunto de padrões socioculturais coerentes que ajudam o leitor a entender as pessoas e sua comunidade, e isto relaciona este estudo etnográfico específico àqueles produzidos em outras comunidades mais ou menos semelhantes.
- Finalmente, há uma conclusão na qual o pesquisador resume os principais pontos e sugere as contribuições deste estudo para seu campo do conhecimento.

A OBSERVAÇÃO PARTICIPANTE COMO ESTILO E CONTEXTO

Certamente é possível usar as típicas técnicas de coleta de dados da etnografia (ver Capítulo 4) sem realizar observação participante. Por exemplo, pode ser mais eficaz, em alguns casos, pedir aos participantes para escrever (ou gravar) suas próprias autobiografias, em vez de ter essas histórias de vida coletadas por um entrevistador *in loco*. Mas este livro vai se preocupar principalmente com as situações nas quais o método e o produto etnográficos são associados à observação participante em campo.

Na etnografia não participante, a única coisa que realmente importa é que os possíveis participantes reconheçam o pesquisador como um legítimo estudioso que tomou as necessárias precauções éticas ao estruturar a sua pesquisa. A disposição deles de participar é assim um tipo de arranjo de negócios. O pesquisador se relaciona com eles estritamente como pesquisador. Mas na observação participante os membros da comunidade estudada concordam com a presença do pesquisador entre eles como um vizinho e um amigo que também é, casualmente, um pesquisador. O observador participante deve, então, fazer o esforço de ser aceitável como pessoa (o que vai significar coisas diferentes em termos de comportamento, de modos de viver e, às vezes, até de aparência em diferentes culturas) e não simplesmente respeitável como cientista. Assim, ela ou ele deve adotar um estilo que agrade à maioria das pessoas entre as quais se propõe viver. Como tal, o observador participante não pode esperar ter controle de todos os elementos da pesquisa; ela ou ele depende da boa vontade da comunidade (às vezes em um sentido bem literal, se é uma comunidade onde os recursos básicos de sobrevivência são escassos) e deve fazer um acordo tácito de "ir com a maré", mesmo que isso não funcione dentro de um roteiro de pesquisa cuidadosamente preparado. Como vizinho e amigo aceitável, o observador participante pode tratar de fazer sua coleta de dados. Mas, para os nossos propósitos neste livro, lembre-se de que a observação participante não é, por si mesma, um método de pesquisa – ela é um contexto comportamental a partir do qual um etnógrafo usa técnicas específicas para coletar dados.

☑ PONTOS-CHAVE

- A pesquisa etnográfica envolve a descrição holística de um povo e seu modo de vida.
- A etnografia foi desenvolvida por antropólogos no final do século XIX e início do século XX para o estudo de sociedades tradicionais, pequenas, isoladas, embora hoje ela seja usada sem restrições por praticantes de muitas disciplinas em todos os tipos de cenários de pesquisa.
- A pesquisa etnográfica é conduzida frequentemente por estudiosos que são ao mesmo tempo participantes subjetivos na comunidade em estudo e observadores objetivos daquela fonte.
- A etnografia é um método de pesquisa que busca definir padrões previsíveis de comportamento de grupo. Ela é baseada em trabalho de campo, personalizada, multifatorial, de longo prazo, indutiva, dialógica e holística.
- A etnografia também é um produto de pesquisa. É uma narrativa sobre a comunidade em estudo que evoca a experiência vivida daquela comunidade e que convida o leitor para um vicário encontro com as pessoas. A narrativa é tipicamente em prosa, embora possa também tomar outras formas literárias ou artísticas a fim de transmitir a história. Em todos os casos, ela usa convenções literárias e/ou artísticas do gênero apropriado para contar a história da maneira mais atraente possível.
- A observação participante não é propriamente um método, mas sim um estilo pessoal adotado por pesquisadores em campo de pesquisa que, depois de aceitos pela comunidade estudada, são capazes de usar uma variedade de técnicas de coleta de dados para saber sobre as pessoas e seu modo de vida.

☑ LEITURAS COMPLEMENTARES

Estes quatro livros lhe darão mais informação sobre como planejar a pesquisa etnográfica:

Agar, M. (1986) *Speaking of Ethnography*. Beverly Hills, CA: Academic Press.

Creswell, J.W. (1997) *Research Design: Qualitative and Quantitative Approaches*. Thousand Oaks, CA: Sage.

Fetterman, D.M. (1998) *Ethnography Step by Step* (2nd ed.). Thousand Oaks, CA: Sage.

Flick, U. (2007a) *Designing Qualitative Research (Book 1 of The SAGE Qualitative Research Kit)*. London: Sage. Publicado pela Artmed Editora sob o título *Desenho da pesquisa qualitativa*.

2
QUE TIPOS DE TEMAS PODEM SER EFETIVA E EFICIENTEMENTE ESTUDADOS PELOS MÉTODOS ETNOGRÁFICOS?

Objetivos do capítulo

Após a leitura deste capítulo, você deverá:

- saber os principais tipos de problemas de pesquisa que requerem métodos etnográficos;
- conhecer os tipos de contextos em que os métodos etnográficos podem ser mais satisfatoriamente empregados.

☑ SOBRE A UTILIDADE DOS MÉTODOS ETNOGRÁFICOS

Como foi observado no capítulo anterior, métodos etnográficos foram adotados por acadêmicos de muitas disciplinas e áreas profissionais. Há, contudo, diversas características que são típicas de situações que se prestam à pesquisa etnográfica, independentemente da disciplina.

SOBRE O USO DE EXEMPLOS ETNOGRÁFICOS

Ao longo deste livro, duas etnografias do próprio autor serão utilizadas para exemplificar os pontos principais em discussão. Este material é oferecido meramente como ilustração, não como um modelo para ser seguido à risca. As duas etnografias visam apenas a facilitar a apreensão concreta de conceitos abstratos. O autor é um antropólogo cultural, portanto, as etnografias tendem a refletir uma tomada de posição antropológica na pesquisa etnográfica; leitores de diferentes tradições disciplinares adaptarão os procedimentos conforme os padrões de sua própria área de estudos.

A UTILIDADE DOS MÉTODOS ETNOGRÁFICOS

- Em geral, nós usamos métodos etnográficos para estudar questões ou comportamentos sociais que ainda não são claramente compreendidos. Em tais casos, entrar na comunidade com um instrumento de pesquisa detalhado e quantificável seria prematuro. Os métodos etnográficos podem ajudar um pesquisador a "tomar pé da situação" antes de centrar em questões específicas com medidas estatisticamente mais precisas.
- Também vale a pena usar métodos etnográficos quando for importante conhecer a perspectiva das próprias pessoas sobre as questões (ao invés de filtrá-las através da perspectiva externa do pesquisador tal como representada por uma enquete ou um questionário desenvolvido a partir da literatura investigativa existente ou de pesquisa em outra comunidade supostamente similar).

O PROJETO TRINIDAD

Esta etnografia foi realizada num cenário bem típico da antropologia cultural mais tradicional: uma comunidade relativamente coesa com uma forte autoimagem (e reconhecida por *outsiders* como uma comunidade definida) num local fora dos Estados Unidos. Desde o início da década de 1970 o autor vem estudando os descendentes de indianos que foram deslocados para várias partes do Império Britânico sob um sistema de "contrato" que se seguiu ao fim oficial da escravatura. Os trabalhadores contratados não foram tecnicamente escravizados, pois o período de sua sujeição era limitado por contrato. Depois de cumprir seu contrato, os trabalhadores estavam teoricamente livres para deixar o local do emprego. Durante o período do contrato, no entanto, as condições dos trabalhadores eram virtualmente idênticas às existentes durante a escravatura. Embora os indianos fossem teoricamente livres para retornar à Índia, muito poucos o fizeram; o preço da passagem de volta era considerado muito alto e outros acreditavam que, tendo cruzado a "água escura", tinham perdido os laços tradicionais com o sistema da aldeia natal – eles haviam, efetivamente, se tornado ritualmente impuros. Assim, a ampla maioria permaneceu nas áreas em que haviam sido contratados. O autor se interessou especialmente pelas Índias Ocidentais, mais especificamente a ilha de Trinidad. Os indianos foram trazidos a Trinidad para trabalhar nas lavouras de cana-de-açúcar. O contrato de Trinidad durou de 1837 até 1917. Os descendentes de indianos contratados constituem cerca de metade da população da Trinidad moderna; até muito recentemente eles se mantiveram como uma população basicamente rural e isolada das principais correntes políticas e econômicas do país. (Ver Angrosino, 1974, para um relato completo do projeto Trinidad.)

O PROJETO DE DESOSPITALIZAÇÃO

Este estudo foi conduzido numa comunidade mais perto de casa. O autor se interessou pela situação de pessoas com doenças mentais crônicas e retardo mental que tinham sido "desospitalizadas" a partir da década de 1970, quando os avanços na medicina psiquiátrica possibilitaram o tratamento de seus sintomas fora de hospitais. O movimento de desospitalização teve motivações que foram tanto humanitárias (permitindo às pessoas viverem na comunidade, livres dos rigores do confinamento institucional) como econômicas (tratar as pessoas caso a caso na comunidade era mais barato do que interná-las num centro clínico pelo resto da vida). Algumas das pessoas desospitalizadas ajustaram-se bem à vida fora do hospital, outras caíram nas malhas dos sistemas públicos de saúde e assistência social, formando o grosso de uma população sem-teto, concentrada nos grandes centros urbanos. A pesquisa do autor foi centrada em uma agência na Flórida que atendia uma clientela com "duplo diagnóstico" – pessoas com graves doenças mentais e retardo mental – oferecendo serviços educacionais, emprego e moradia. (Ver Angrosino, 1998, para um relato completo deste projeto de pesquisa.)

MÉTODOS ETNOGRÁFICOS: PROBLEMAS ESPECÍFICOS DE PESQUISA

1. A pesquisa etnográfica é usada para definir um problema de pesquisa

Alguns tópicos de pesquisa bem estabelecidos atraem o pesquisador pela extensa bibliografia disponível, que possibilitam a formulação de hipóteses de trabalho razoáveis que podem então ser testadas utilizando ferramentas focadas do levantamento de dados. Em comparação, outros tópicos são mais amorfos e precisam ser estudados em campo, por assim dizer, antes que se possam formar as hipóteses apropriadas. Para estes últimos tópicos é que os métodos etnográficos são particularmente indicados.

Por exemplo, no projeto Trinidad, o contrato indiano em várias partes do velho Império Britânico havia sido exaustivamente estudado por historiadores, economistas, cientistas políticos, sociólogos e psicólogos sociais, bem como antropólogos culturais. Especialmente em relação às Índias Ocidentais, contudo, na época em que iniciei a pesquisa, havia uma tendência a privilegiar as comunidades indianas mais isoladas e culturalmente tradicionais. Mas Trinidad, com um setor industrial moderno ligado à economia petroquímica global, propiciou muitas possibilidades para os indianos saírem de seu tradicional isolamento. E, de fato, muitos aproveitaram essas novas chances. Os mais jovens estavam conseguindo empregos no setor não agrícola, entrando nas universidades e residindo fora das comunidades rurais. Mas pelo que eu tinha escutado antes de fazer minha própria pesquisa de campo, eu sabia que o senso de identidade da comunidade indiana continuava muito forte. O que estava ocorrendo nesta sociedade em transição? De que maneiras os próprios indianos entenderam a dinâmica da modernização de suas vidas e ainda assim persistiam em definir-se em termos de sua tradição cultural?

No projeto de desospitalização, as pessoas portadoras de deficiência mental apresentam óbvias dificuldades quando se trata de negociar as complexidades do dia a dia. A literatura acadêmica, tal como existia nos primórdios do processo de desinstitucionalização, sugeria que aqueles que conseguiam sair do hospital eram os que se estabeleciam ou então acabavam sendo cuidados por agências provedoras de serviços gerais de "gerenciamento de caso" ou por pessoas caridosas. Parecia não haver escolha: ou se abria mão das prometidas liberdades da desospitalização para obter a proteção de algum outro benfeitor, ou então se fracassava para tornar-se um desesperado vagabundo sem teto. Mas as pessoas nesta situação realmente viam as coisas em termos dessas alternativas excludentes, ou tinham encontrado outras maneiras de enfrentar o desafio?

Em ambos os projetos de pesquisa, a principal pergunta feita pelo pesquisador era: "Como você se sente como [um indiano de Trinidad nos dias de hoje; adulto desospitalizado portador de deficiência mental]?". Essa é obviamente uma questão de recorte menos nítido do que uma que possa ser respondida com estatísticas demográficas ("Quantas pessoas foram trazidas a Trinidad durante o contrato?", "Que porcentagem da atual população de Trinidad é indiana e onde eles vivem na ilha?") ou dados epidemiológicos ("Quantas pessoas estão diagnosticadas com doenças mentais graves?", "Quais são os principais sintomas comportamentais associados com retardo mental?"). Para responder a isto o pesquisador teve de participar da vida da população estudada, e não simplesmente observá-la de um ponto de vista externo.

2. A pesquisa etnográfica é utilizada para definir um problema que não pode ser imediatamente expresso em termos de "se x, então y" e que parece resultar em comportamentos que não teriam sido previstos pela literatura existente.

O padrão da pesquisa quantitativa se baseia na suposição de que os problemas podem ser mais bem estudados se puderem ser enunciados em termos de um relacionamento previsível: variáveis dependentes (fatores que mudam) quando uma variável independente (um fator que parece condicionar a predisposição) está presente. Mas às vezes os problemas da vida real são difíceis de encaixar em tal formato testável, ao menos no início.

Por exemplo, parecia haver um índice excepcionalmente alto de alcoolismo entre indianos de Trinidad, um fato registrado com uma certa surpresa pela literatura. As religiões tradicionais dos indianos contratados (hinduísmo e islamismo), bem como a versão do cristianismo oferecida a eles por missionários durante o período colonial, eram fortemente contra o consumo de bebidas alcoólicas. Por que então os indianos – que afirmavam ser tão tradicionais no seu pertencimento cultural – passaram a ter problemas de alcoolismo? Pode ter havido fatores históricos: alguns historiadores sugeriram que os trabalhadores contratados de grandes plantações eram pagos em rum – um dos principais produtos dos países açucareiros naquela época. Também havia possíveis explicações de natureza psicológica: uma minoria excluída dos direitos de cidadania tende a tomar atitudes autodestrutivas quando a sua cultura é ameaçada. Certamente houve fatores econômicos em jogo: os pobres buscam esquecer seus problemas na bebida ou nas drogas para mitigar a falta de esperanças da sua condição. Mas os indianos de Trinidad não foram excluídos dos direitos de cidadania da mesma forma que os índios americanos haviam sido – sua alienação do processo político fora por muito tempo fruto da sua própria escolha, não de uma discriminação aberta. E sua pobreza, embora marcante em contraste com as condições do Primeiro Mundo, não era significativamente pior do que a de quaisquer outros no Caribe. Estava claro que a única maneira de desvendar a aparente contradição do alcoolismo indiano era observá-lo em ação e reconstruir a história da associação dos indianos com o álcool tal como eles mesmos a entendiam.

De maneira análoga, a adaptação de pessoas portadoras de deficiência mental (especialmente aquelas com retardo) à vida fora do hospital foi obscurecida por desventuras sexuais. As pessoas com retardo mental foram vistas habitualmente como ingênuos inocentes que, na falta dos usuais mecanismos de autocontrole, explodem em depravação sexual à mínima provocação. Sendo assim, a resposta tradicional dos cuidadores foi reter a informação sexual – o treinamento da sexualidade raramente fez parte dos planos de ressocialização face a problemas como o de trocar dinheiro, dizer as horas ou ler um itinerário de ônibus. Mas, longe de manter as pessoas num estado de inocência, tal ignorância apenas traz confusão, com eventuais consequências desastrosas. Então as pessoas com retardo mental estão condenadas a viver como seres assexuados (ainda que a castração física ou esterilização forçada não seja mais uma alternativa aprovada legalmente)? Existe algum modo de integrar a sexualidade aos programas de ressocialização dos adultos desospitalizados? Novamente, as respostas só poderiam vir experimentando a vida do modo como as pessoas a veem e não fazendo juízos de valor baseados em dados clínicos supostamente neutros.

3. A pesquisa etnográfica é utilizada para identificar os participantes em um cenário social

Mesmo quando os pesquisadores decidem estudar uma comunidade considerada bem conhecida e compreendida, eles devem se dar conta de que a dinâmica da mudança leva à inclusão de participantes até então ignorados na rede da interação social.

Por exemplo, a comunidade indiana no exterior era conhecida por girar em torno da família, que na cultura indiana tradicional era uma organização "articulada" (i. e., composta por um grupo de irmãos, com suas esposas e seus filhos partilhando uma residência com seu pai, o patriarca da família). Este tipo de organização familiar não sobreviveu, na verdade, ao período do contrato. A família ainda é o centro da organização social indiana em Trinidad, mas a identificação de quem é e quem não é considerado "da família" e as relações entre esses membros não são mais como eram antes. A descrição etnográfica na qual a organização familiar contemporânea foi "mapeada" em detalhes ajudou a elucidar esta situação.

A situação de adultos desospitalizados com retardo mental também foi frequentemente expressa em termos de expectativas e estereótipos – muitas vezes retratados como clientes dependentes e de serviços de atendimento ou de cuidados. Este relacionamento é verdadeiro até certo ponto. Mas para adultos portadores de deficiência mental que também vivem em comunidades não institucionais, há outros elementos na rede social a serem considerados. Que outras pessoas desempenham papéis importantes nas vidas dos portadores de deficiência mental? Qual a natureza de sua interação com estas pessoas? Novamente, a descrição etnográfica em detalhes ajudou a organizar as coisas.

4. A pesquisa etnográfica é usada para registrar um processo

Ao contrário de uma relação estatisticamente nítida, um processo é composto de elementos numerosos e sempre cambiantes. Boa parte da vida real (em oposição ao modo como ela pode ser controlada em contextos de pesquisa clínica ou laboratorial) deve ser encarada como um processo dinâmico.

Por exemplo, à época do meu estudo de campo inicial, o principal modo de tratar o alcoolismo dos indianos em Trinidad era a associação aos Alcoólatras Anônimos (AA). Há muito tempo o AA tem sido um método razoavelmente bem sucedido de ajudar dependentes do álcool a enfrentar sua doença, mas ele foi desenvolvido nos Estados Unidos a partir de uma visão de mundo fortemente cristã. Por que ele estava funcionando entre indianos muçulmanos e hinduístas no mundo social tão diferente de Trinidad? Um estudo etnográfico do AA em Trinidad se fazia necessário para documentar o processo de recuperação; como os indianos de Trinidad se apropriaram dos elementos comuns do AA para moldá-los à sua própria cultura e às particularidades da sua própria situação?

A adaptação de adultos desospitalizados à comunidade é claramente mais que uma questão de assinar documentos oficiais de liberação e mandar as pessoas seguirem seu próprio caminho. Ao acompanhar algumas pessoas durante a passagem da custódia hospitalar para a vida independente, ficou claro que a adaptação é um processo complexo que é conduzido com variados graus de sucesso. A capacidade das pessoas de conseguir apoio formal de agências (p. ex., serviços médicos, educacionais, de emprego, de transporte, residenciais) era sempre mediada por sua capacidade de encontrar sistemas de apoio informal compostos de vários modos por pares, vizinhos, família e amigos.

5. A pesquisa etnográfica é utilizada para contextualizar o levantamento de dados quantitativos

Os etnógrafos de modo algum se opõem à utilização de dados quantitativos, mas insistem para que tais medidas brotem da experiência local. Embora tais dados sejam costumeiramente coletados com base em testes padronizados, idôneos e reconhecidos (de forma que são mais úteis para fins de comparação), é importante que sejam sensíveis às circunstâncias locais. Em alguns casos, tal sensibilidade é uma questão de modificar conteúdos (p. ex., alguns tópicos, como comportamento sexual, são livremente discutidos em algumas culturas, mas são tabu em outras). Em outros casos, pode ser necessário traduzir o instrumento de pesquisa para uma linguagem que possa ser compreendida pelos participantes do estudo. (Algumas vezes isso envolve de fato uma outra língua, se a pesquisa está sendo conduzida em um lugar onde não se fala o idioma dos pesquisadores. Ou pode significar traduzir conceitos de um complexo jargão acadêmico para termos comumente utilizados por não cientistas.) Ainda em outros casos, a modificação pode exigir uma adequação na forma como o instrumento de pesquisa é administrado. (Por exemplo, em algumas culturas, um pesquisador do sexo masculino não será autorizado a entrevistar mulheres, especialmente sobre assuntos pessoais, sem a presença de algum tipo de acompanhante.)

Frequentemente em pesquisa quantitativa utilizam-se instrumentos padronizados no início de um projeto, já que eles fornecem vários dados precisos e objetivos, que podem ser utilizados para refinar as hipóteses de trabalho. Na pesquisa etnográfica, porém, é melhor reservar a utilização de tais instrumentos para uma etapa posterior do processo de pesquisa, a fim de que o pesquisador tenha tempo de aprender um pouco sobre as pessoas e sua comunidade, e possa apresentar o instrumento de medição de maneiras consideradas razoáveis e aceitáveis.

Em ambos os projetos de pesquisa, o de Trinidad e o da desinstitucionalização, eu me vali de dados padronizados. No primeiro, eu usei o *Health Opinion Survey* (HOS), projetado por pesquisadores da área médica para medir os níveis de estresse psicossocial percebido em uma comunidade. O HOS foi originalmente utilizado para testar a correlação entre estresse e doença psiquiátrica. Eu o usei para ver se havia algum vínculo entre estresse e alcoolismo. A principal modificação foi administrativa. Eu aprendera através de minha observação participante na comunidade que os indianos consideravam o alcoolismo como uma doença social em vez de uma falha individual, por estarem preocupados majoritariamente com seus impactos negativos nas relações familiares e comunitárias. Sendo assim, eles prefeririam falar sobre seus problemas pessoais em grupo, ao invés de encontros individuais. Então eu apliquei o HOS em reuniões do AA ou em encontros sociais onde os entrevistados se sentiam livres para discutir suas respostas uns com os outros antes de marcá-las no papel. Este desvio do procedimento aceito certamente comprometeu o valor comparativo dos resultados, mas abriu caminho para resultados surpreendentemente ricos; a perspectiva que emergiu deste grupo de discussão sobre o que as pessoas percebiam como estressante foi muito mais importante nessa sociedade de orientação comunitária do que poderiam ser as "puras" respostas individuais de muitos entrevistados em um espaço clínico jamais poderiam ter sido.

Uma vez detectada a preocupação com sexualidade entre as pessoas desospitalizadas, portadoras de deficiência mental, eu queria examinar minha população para ver o quanto eles sabiam sobre sexo. Trabalhando com uma colega psicoterapeuta, eu preparei uma lista de verificação para diagnóstico sobre informação sexual objetiva (p. ex., detalhes anatômicos), atitudes subjetivas sobre sexualidade e relacionamentos. Já que na maioria dos casos os cuidadores estavam muito incomodados com as discussões desse tema, teria sido desastroso introduzir um instrumento de pesquisa pré-fabricado. Dar-me ao trabalho de desenvolver um instrumento que refletia o que eu já havia aprendido interagindo com as pessoas (e que também se baseava na confiança estabelecida com os participantes) significou que os resultados, em última análise, foram relevantes para os indivíduos no grupo que eu estava estudando. Como os indianos de Trinidad, os adultos desospitalizados acharam muito útil discutir suas respostas uns com os outros; foi muito importante para eles ter algo com as características de uma conversação comum, ao invés de um outro "teste" clínico, realizado numa perspectiva individualizadora.

MÉTODOS ETNOGRÁFICOS: CONTEXTOS DE PESQUISA

A pesquisa etnográfica pode ser realizada onde quer que haja pessoas interagindo em cenários "naturalmente" coletivos. Reunir pessoas para um propósito específico em experimentos de laboratório é uma técnica válida para a pesquisa experimental, mas não é etnografia. A verdadeira etnografia depende da capacidade de um pesquisador de observar e interagir com as pessoas enquanto elas essencialmente executam suas rotinas do dia a dia. Como se observou no Capítulo 1, a etnografia foi desenvolvida para uso em comunidades de pequena escala, culturalmente isoladas. Mais tarde ela se expandiu para ser usada em comunidades bem circunstanciais (definidas por raça, etnia, idade, classe social, e assim por diante) dentro de sociedades mais amplas. Em nossa própria época ela se expandiu ainda mais para abranger "comunidades de interesse" (grupos de pessoas que partilham algum fator em comum – p. ex., todas elas são mulheres com instrução superior diagnosticadas como HIV-positivas – mesmo se não interagem regularmente umas com as outras) e até "comunidades virtuais" (formadas no "ciberespaço" e não no espaço geográfico tradicional).

PONTOS-CHAVE

- Os métodos etnográficos são especialmente úteis quando pesquisadores precisam entrar numa situação de campo na qual as questões sociais ou os comportamentos ainda não são claramente entendidos.
- Esses métodos são também muito valiosos quando obter o ponto de vista das próprias pessoas é um importante objetivo da própria pesquisa.

- Os problemas de pesquisa específicos para os quais os métodos etnográficos são uma solução útil incluem:
    - √ definir um problema de pesquisa
    - √ avaliar resultados imprevistos
    - √ identificar participantes em um contexto social
    - √ registrar processos sociais
    - √ contextualizar a pesquisa quantitativa.
- A pesquisa etnográfica pode ser realizada onde quer que haja pessoas interagindo em cenários "naturalmente" coletivos.
- A pesquisa etnográfica começou em comunidades de pequena escala culturalmente isoladas, mas expandiu-se para abranger pesquisa em comunidades bem circunscritas em sociedades mais amplas.
- A pesquisa etnográfica hoje em dia inclui estudos de "comunidades de interesse" e "comunidades virtuais", bem como de comunidades tradicionais geograficamente isoladas.

LEITURAS COMPLEMENTARES

Os livros abaixo fornecem mais informação sobre os exemplos de pesquisa aqui discutidos, assim como sobre o planejamento e o projeto de pesquisa etnográfica:

Angrosino, M.V. (1974) *Outside is Death: Alcoholism, Ideology, and Community Organization among the East Indians of Trinidad*. Winston-Salem, NC: Medical Behavioral Science Monograph Series.

Angrosino, M.V. (1998) *Opportunity House: Ethnographic Stories of Mental Retardation*. Walnut Creek, CA: AltaMira.

LeCompte, M.D. and Schensul, J.J. (1999) *Designing and Conducting Ethnographic Research* (Vol. I of J.J. Schensul, S. Schensul and M. LeCompte, (eds), *Ethnographer's ToolKit*. Walnut Creek, CA: AltaMira.

3
ESCOLHENDO UM CAMPO DE PESQUISA

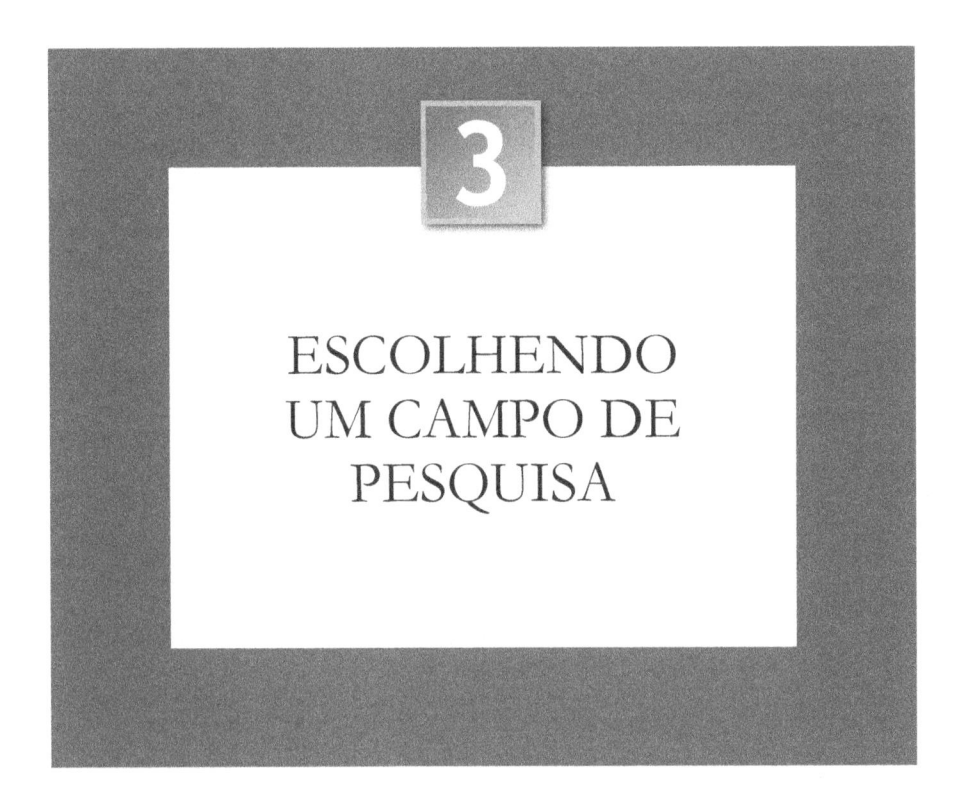

Objetivos do capítulo

Após a leitura deste capítulo, você deverá:
- saber os fatores que devem ser levados em conta por um pesquisador que está planejando a pesquisa etnográfica;
- reconhecer os modos pelos quais o pesquisador estabelece e mantém relações para operar como observador participante no campo de pesquisa.

Em um capítulo posterior abordaremos as questões que surgem com a pesquisa em comunidades "virtuais". Mas neste e nos próximos três capítulos discutiremos o que ocorre no (ainda bastante comum) campo de pesquisa tradicional geograficamente limitado.

INICIE COM UM INVENTÁRIO PESSOAL

Frequentemente é dito que o melhor equipamento com que o pesquisador etnográfico pode contar, afinal, é consigo mesmo. Pode-se muito bem entrar em campo com plena carga de câmaras, gravadores, notebooks e assim por diante. Mas, em última análise, observação participante significa que você enquanto pesquisador está interagindo diariamente com as pessoas em estudo. Começar com um entendimento de si mesmo, portanto, é crucialmente importante. Que tipo de pessoa você é? Que tipos de situações lhe agradam e quais você acha insuportáveis? Algumas coisas são óbvias: se você é muito sensível ao frio, então decidir fazer seu trabalho de campo entre os Inuit no norte do Alasca não será uma boa ideia, mesmo que você ache fascinante a leitura sobre a cultura Inuit. Outros fatores são menos óbvios: se você é uma pessoa que dá muito valor à privacidade, então pode ser interessante escolher estudar uma comunidade onde as pessoas reconheçam e respeitem este valor. Evidentemente é possível, para a maioria das pessoas, adaptar-se às mais variadas circunstâncias. Mas considerando o tempo e os recursos financeiros limitados que a maioria de nós tem à disposição, por que não escolher fazer a pesquisa em circunstâncias às quais você tenha ao menos alguma chance de se ajustar? Se o processo de forçar sua adaptação toma mais tempo e esforço do que o processo de coletar dados sobre a comunidade que você está estudando, então a observação participante simplesmente não está ajudando a alcançar os seus objetivos.

Sendo assim, é importante começar com uma sincera avaliação de si mesmo. Confira especialmente os seguintes pontos:

- seu estado emocional e atitudes;
- sua saúde física e mental (e a saúde de quem porventura você estiver levando consigo para campo);
- suas áreas de competência e incompetência;
- sua capacidade de pôr de lado ideias preconcebidas sobre pessoas, comportamentos ou situações sociais e políticas.

Alguns fatores pessoais estão sob seu controle e você pode modificá-los de modo a poder se integrar numa comunidade em estudo. O corte de cabelo, a escolha de jóias ou adereços corporais, as roupas, ou o tom de voz, todas essas coisas podem ser ajustadas, se necessário. Por outro lado, com certas coisas não há muito o que fazer: nosso gênero, nossa idade relativa, nossa categoria racial ou étnica percebida. Se tais distinções forem importantes na comunidade em estudo, então você poderá ter de pensar duas vezes sobre introduzir-se naquela cultura. Você pode pensar que as pessoas na comunidade estão erradas em sua abordagem das relações de gênero ou raciais, mas lembre-se de que o seu trabalho principal é o de pesquisador, não o de reformador social ou missionário. (Embora os etnógrafos "críticos", discutidos em um capítulo anterior, achem que são reformadores sociais, eles tipicamente se tornam advogados de posições sustentadas pelas comunidades com as quais acabaram se identificando. Eles não chegam a uma comunidade com sua própria agenda, para depois tentar impô-la às pessoas que eles estudam.) Em suma, não escolha um campo de pesquisa em que você se torna o objeto de discussão e controvérsia.

☑ ESCOLHENDO UM CAMPO DE PESQUISA

Tendo se submetido a uma revisão pessoal completa, você pode agora aplicar critérios mais objetivos à decisão de onde deseja empreender sua pesquisa. Alguns desses critérios objetivos são de natureza acadêmica, outros puramente pragmáticos. Os indicadores a seguir podem ser úteis.

1. Escolha um lugar em que a questão acadêmica que você está investigando tenha a maior probabilidade de ser vista de forma razoavelmente clara

Você desenvolverá uma noção do tema a ser estudado de várias maneiras. Seu foco de pesquisa pode ser:
- uma tarefa diretamente requisitada por seu orientador;
- o reexame de um estudo feito por um pesquisador renomado;
- a exploração de um assunto que esteja nos noticiários;
- um desenvolvimento das suas leituras acadêmicas – você pode ter identificado uma defasagem no que pensamos saber sobre uma determinada questão;
- o resultado de experiência pessoal e seu desejo de juntar informação mais abrangente sobre algo que lhe afeta diretamente;
- uma intenção de trabalhar por uma causa social ou política coletando informação que possa apoiar esta posição.

Estudar o que acontece à cultura tradicional de uma comunidade imigrante como a dos indianos do sistema de contratos exige observação participante em uma comunidade indiana de além-mar que não seja nem tradicional demais nem já demasiadamente assimilada. Trinidad, quando iniciei o meu estudo, era um lugar exatamente assim.

Estudar os efeitos da desospitalização em adultos com problemas mentais exigia a escolha de um campo de pesquisa urbano onde tais pessoas provavelmente se juntassem para procurar emprego, moradia, e assim por diante. Uma comunidade rural onde vivesse apenas uma pessoa com doença mental crônica, cuidada por uma família protetora, não teria sido uma escolha razoável.

2. Escolha um campo comparável a outros que já foram estudados por outros pesquisadores, mas não um que já tenha sido excessivamente estudado

Há uma antiga piada entre antropólogos segundo a qual a típica família Navajo consiste de uma mãe, um pai, três filhos e um antropólogo. Exageros humorísticos à parte, é inegável que algumas pessoas e lugares foram muito estudados. As comunidades que tiveram a infelicidade de existir nas proximidades de um campus universitário podem muito bem sentir que foram escolhidas como campos de pesquisa por sua conveniência de forma quase abusiva. Há um limite para a hospitalidade mesmo entre as pessoas mais bem intencionadas. Da mesma forma, não devemos pensar que todo projeto de pesquisa deva começar reinventando a roda. A menos que você tenha recursos para se deslocar num instante até as montanhas da Nova Guiné, você muito provavelmente acabará fazendo pesquisa de campo em uma comunidade bem perto de casa já anteriormente estudada. Neste caso, apenas tente se certificar que os pesquisadores ainda são bem-vindos e que os seus próprios interesses de pesquisa são suficientemente diferenciados para que as pessoas não sejam levadas a exclamar "Oh não! Eu já respondi essa pergunta mais de uma dúzia de vezes!".

Quando fiz pesquisa de campo pela primeira vez sobre indianos no exterior, havia uns poucos relatos etnográficos sobre comunidades em Trinidad. Mas tudo tinha sido feito em aldeias rurais isoladas. Eu optei por me sediar em um vilarejo que ainda era essencialmente agrário, mas à beira de uma das estradas principais com acesso fácil ao tipo de emprego "moderno" (como numa grande refinaria de petróleo) que estava atraindo os jovens do lugar.

Meu estudo de desospitalização foi inspirado em uma pesquisa conduzida na Califórnia, embora eu tenha trabalhado principalmente em Flórida, Tennessee e Indiana – situações comparáveis, mas com atributos sociais e políticos distintos.

3. Escolha um campo com um mínimo de obstáculos "de acesso"

Requerimentos rotineiros de entrada tais como vistos, certificados de vacinação, ou cartas de apresentação de eminências locais não costumam ser um problema. Mas algumas vezes há mais assuntos problemáticos que precisam ser resolvidos. Uma averiguação de antecedentes por oficiais de polícia pode ser necessária, especialmente se você deseja trabalhar numa comunidade com um considerável problema de criminalidade. Algumas comunidades que são divididas em facções podem exigir que você obtenha permissão de todo o tipo de grupo de interesse imaginável. Comunidades em sociedades autoritárias, com governos centralizados, podem não querer assumir responsabilidade pela autorização da entrada do pesquisador que não tiver obtido permissões em muitos níveis da hierarquia burocrática. Você é a única pessoa que pode decidir quando o processo de conseguir entrar torna-se um incômodo grande demais para você.

4. Escolha um campo no qual você não se torne um fardo para a comunidade

Lembre-se de que, como observador participante, talvez você more na comunidade que está estudando; mesmo se estiver estudando um lugar que lhe permite ir para a sua própria casa no fim do dia, talvez esperem que você trabalhe (mediante remuneração ou como voluntário, conforme o caso) ou aproveite os recursos da comunidade de outras maneiras. Você vai querer ter certeza de poder suprir suas próprias necessidades tanto quanto possível. As pessoas muitas vezes são incrivelmente hospitaleiras e estão prontas a se sacrificar pelos estrangeiros. Mas não se esqueça que ninguém realmente aprecia quem vive de favor. Dê atenção especial à elaboração de um orçamento realista que leve muito cuidadosamente em conta os recursos financeiros e o cronograma de seu uso. Se você planeja trazer cônjuge e/ou filhos consigo para o campo, lembre-se de incluí-los no cálculo das despesas. Se você está fazendo pesquisa em equipe, considere o ônus adicional que a comunidade terá para hospedar e alimentar vários estrangeiros ao mesmo tempo.

Da mesma forma, certifique-se que o campo de pesquisa de sua escolha lhe dará condições de adotar um papel que permita otimizar a observação participante. Você há de querer tomar muito cuidado na escolha de um campo de pesquisa onde esperem que você seja ou excessivamente participante ou mantido à distância.

Quando fui fazer pesquisa em Trinidad pela primeira vez, eu me hospedei na casa de uma família cujo filho mais velho havia se mudado recentemente para trabalhar no Canadá. Eles achavam bom ter um outro jovem dentro de casa e para mim era inestimável fazer parte de um grupo familiar – um pré-requisito essencial para interagir com os outros em um contexto cultural indiano. Os indianos são frequentemente identificados em termos das famílias a que pertencem.

Minha pesquisa entre adultos desospitalizados foi facilitada por me tornar um voluntário em sala de aula num programa de reabilitação que atendia clientes com "duplo diagnóstico". Assim, eu podia ir e vir naturalmente, já que tinha um papel reconhecido a desempenhar; mas ao mesmo tempo eu não era oficialmente "funcionário", de modo que os clientes se sentiam relativamente confortáveis ao partilhar comigo seus sentimentos mais íntimos.

☑ ESTABELECENDO VÍNCULOS

É ocioso dizer que todos os leitores deste livro são pessoas maravilhosas, generosas, extrovertidas e amáveis que seriam bem-vindas em comunidades ao redor do mundo. Mas no caso de alguém ter dúvidas sobre sua capacidade de se integrar, cabem algumas orientações.

- Não suponha que será mais fácil trabalhar em comunidades mais próximas de casa ou culturalmente semelhantes à sua própria comunidade. Algumas vezes, quanto mais parecido você for com as pessoas que está estudando, mais expectativas elas terão de você e menos tolerantes serão com suas idiossincrasias (como a sua necessidade de coletar dados). Pode ser que quanto mais estranho você for, mais as pessoas estarão dispostas a ajudar por entenderem que você realmente não sabe sempre o que está acontecendo.
- Da mesma forma, não pense que se estiver trabalhando numa comunidade muito parecida com a sua própria comunidade, você saberá tudo o que há para saber sobre como se integrar. Não confie demais em suposições.
- Não se deixe "capturar" pelas primeiras pessoas que fizerem você se sentir bem acolhido. Nada é mais natural do que sentir alívio quando alguém – qualquer pessoa! – fala com você e parece se interessar por seu trabalho. Mas às vezes aqueles que se esforçam para fazer isto são os desviantes da comunidade ou (talvez pior ainda) seus autoproclamados guardiães. A associação muito próxima com esses personagens duvidosos pode limitar suas chances de conhecer todos os demais.
- Portanto, cuide para que as pessoas que lhe servirem de guias principais à comunidade sejam pessoas respeitadas e estimadas.
- Faça todo esforço para ser útil. A reciprocidade vai longe no sentido de estabelecer e manter uma relação. Esteja sempre preparado para levar alguém de carro para o trabalho, cuidar de uma criança, emprestar dinheiro a alguém para alguma compra, e assim por diante. Você não precisa se tornar um empregado faz-tudo – afinal, você tem sua própria agenda legítima, para não falar em suas limitações de tempo e outros recursos – mas não se apegue à agenda a ponto de se esquecer de agir como verdadeiro ser humano em contato com outros seres humanos. Lembre-se de que algumas obrigações mútuas têm implicações mais

sérias do que outras: aceitar ser madrinha ou padrinho de uma criança, por exemplo, é assunto da maior importância em algumas culturas, e você deve considerar cuidadosamente se está em condições de assumir todas as responsabilidades antes de aceitar. Provavelmente será melhor declinar respeitosamente do que aceitar e depois não cumprir as promessas implícitas.

- Arranje tempo para explicar suas intenções. Provavelmente não haverá muitas pessoas numa comunidade em estudo que entenderão logo os princípios acadêmicos subjacentes à sua pesquisa, mas praticamente todos podem entender seu desejo de coletar informações sobre questões de interesse comum. A maioria das pessoas ficam lisonjeadas e contentes se você tem interesse nelas e no seu modo de vida, mas se há aspectos do seu modo de vida que elas não querem partilhar, não as force. Não deixe de explicar também quaisquer resultados previstos da sua pesquisa (livro, filme, exibição em museu, página eletrônica, etc.) e seja direto na discussão de qualquer possibilidade de remuneração que possa ser esperada por membros da comunidade.
- Não tenha medo de expressar seu próprio ponto de vista. Você não precisa ser um chato opiniático, mas lembre-se de que as pessoas de verdade nem sempre são "legais" – elas eventualmente divergem, e a maioria das pessoas respeitam quem é suficientemente honesto para ter uma discussão civilizada com elas. Da mesma forma, não tente se exprimir com tal intensidade que você e suas opiniões se tornem com isso a principal preocupação da comunidade.
- Certifique-se de poder reconhecer e respeitar as convenções sociais que são significativas para os membros da comunidade. Aprenda o que se espera de uma pessoa de sua idade, seu gênero ou sua raça e tente corresponder nas suas atitudes. Se você honestamente sentir que tais expectativas são degradantes ou de alguma forma emocionalmente inaceitáveis, a única resposta razoável é encerrar a sua pesquisa e deixar o local com uma explicação breve, polida, mas claramente formulada.
- Informe às pessoas sobre os parâmetros de sua observação participante: Quanto tempo você pretende ficar? Você planeja manter contato após a sua partida, e se for o caso, de que maneiras?
- Se você trouxe a sua própria família para o campo de pesquisa, cuide para que todos se sintam confortáveis sobre a interação com seus pares enquanto você desenvolve as suas próprias atividades.
- Se você está trabalhando em uma equipe de pesquisa, cuide para que o grupo não se torne uma "panelinha" fechada em si mesma. Cada membro da equipe deve fazer o que for possível para se tornar parte da comunidade hospedeira.

■ PONTOS-CHAVE

- Trabalhe no seu autoconhecimento antes de iniciar uma pesquisa etnográfica. Que tipo de pessoa é você? Que tipos de situações de trabalho você considera convenientes?
- Modifique os aspectos do comportamento pessoal que você pode controlar de modo a se conformar às normas da comunidade estudada, mas esteja atento aos preconceitos locais sobre fatores que você não controla (p. ex., gênero, raça, idade).
- Escolha um campo de pesquisa
  - √ no qual os tópicos acadêmicos que você está investigando possam ser vistos de forma razoavelmente clara
  - √ que seja comparável a outros que foram estudados por pesquisadores, mas que não tenha sido excessivamente estudado
  - √ com um mínimo de obstáculos de acesso
  - √ no qual você não se torne um fardo para a comunidade.
- Estabelecer e manter vínculos é essencial para a condução da pesquisa etnográfica realizada com base em observação participante.

■ LEITURAS COMPLEMENTARES

A escolha de campos de pesquisa e o estabelecimento de relações são tratados nos livros abaixo.

Schensul, J.J. (1999) 'Building community research partnerships in the struggle against AIDS', *Health Education and Behavior,* 26 [número especial].

Wolcott, H.F. (1994) 'The elementary school principal: notes from a field study', in H.F. Wolcott (ed.), *Transforming Qualitative Data.* Thousand Oaks, CA: Sage, pp. 103-48.

Zinn, M.B. (1979) 'Insider field research in minority communities', *Social Problems,* 27: 209-19.

4

COLETA DE DADOS EM CAMPO

Objetivos do capítulo

Após a leitura deste capítulo, você deverá:
- conhecer algumas das principais técnicas de coleta de dados usadas por pesquisadores etnográficos que trabalham com observação participante nas comunidades em estudo;
- saber as maneiras como os dados coletados em campo podem ser gravados e recuperados com eficiência.

Agora que nos posicionamos como observadores participantes em um projeto de pesquisa de campo etnográfica, temos de considerar as técnicas específicas que estão à nossa disposição para a coleta de dados.

Tenha em mente que a observação participante não é propriamente uma técnica de coletar dados, mas sim o papel adotado pelo etnógrafo para facilitar sua coleta de dados.

É importante também lembrar que a boa etnografia geralmente resulta da triangulação – o uso de técnicas múltiplas de coleta de dados para reforçar as conclusões. (Ver Scrimshaw e Gleason, 1992, para uma coletânea de artigos que ilustram certas aplicações específicas da estratégia de triangulação; ver também Flick, 2007b.) Portanto, as técnicas a seguir podem ser usadas em conjunto; nenhuma delas sozinha é capaz de pintar o retrato inteiro de uma comunidade viva.

"FATOS" E "REALIDADE"

Olhando células com um microscópio, os biólogos treinados podem fazer descrições exatas dos componentes dessas células. Se tiverem visto muitas células ao longo do tempo, eles podem determinar quais são as características intrínsecas de uma célula pertencente a uma certa planta ou certo animal, e quais são os desvios casuais. Além disso, há uma suposição de que qualquer biólogo treinado chegaria às mesmas conclusões.

Os etnógrafos raramente podem operar com tal certeza objetiva. Embora possamos dar tudo de nós pela exatidão, temos de ter sempre em mente que os valores, as interações e os "fatos" do comportamento humano às vezes estão no olhar do observador. Eles podem ser manipulados, deliberadamente ou não, pelos informantes. A "realidade" que nós como etnógrafos percebemos é pois sempre condicional; não podemos presumir que outro etnógrafo, olhando em outro momento para o mesmo conjunto de "fatos", chegará exatamente às mesmas conclusões.

Alguns estudiosos (como os "pós-modernos" já discutidos) veriam os esforços por uma pintura "exata" da "realidade" social pela coleta de "fatos" objetivos como um exercício inerentemente fútil. Enunciados sobre a realidade, contestam eles, devem sempre ser "desconstruídos" para distinguir quem era o observador, e quais teriam sido seus vieses, que formataram as conclusões até elas tomarem a forma que tomaram. Outros estudiosos ainda afirmam que a sociedade é um tipo de jogo complexo no qual observador e observado criam "realidade" enquanto interagem (quase como os jogadores num jogo de futebol que jogam com as regras objetivas do jogo e acabam fazendo uma partida um pouco diferente a cada jogo); neste aspecto, a intenção deles não é tanto a de caracterizar algum tipo de "realidade" atemporal, mas a de fazer a crônica de uma imagem específica daquela realidade. Eles podem até estar mais interessados em analisar o processo pelo qual os jogadores elaboram a estratégia ao longo do "jogo" do que no presumível resultado do "jogo".

Minhas observações nesta seção não foram para tomar esta ou aquela posição nessas questões teóricas. Vou presumir que sejam quais forem os interesses que um etnógrafo possa ter na análise de seus dados, ainda assim existe a necessidade de coletar os dados de forma sistemática a fim de sustentar do melhor modo possível seus argumentos.

NOTA SOBRE ETNOGRAFIA APLICADA

Quando um pesquisador quer usar os resultados do seu trabalho de campo para subsidiar políticas públicas, ou para contribuir com a formação e manutenção de organizações ou agências que servem à comunidade estudada, diz-se que estão fazendo etnografia aplicada (ver Chambers, 2000, para uma revisão completa deste campo). Ao contrário dos pesquisadores acadêmicos, que podem considerar as possibilidades de ambiguidade e engano discutidas na seção anterior, os praticantes da etnografia aplicada precisam partir de uma posição de relativa certeza. Por que, afinal, alguém daria qualquer atenção às suas recomendações de ação se eles não pudessem sustentar suas afirmações com dados mais ou menos objetivos claramente delineados? Assim, o potencial de contribuição da pesquisa que se baseia na observação participante, para o mundo em geral depende de, etnógrafo ou etnógrafa, o pesquisador ser capaz de convencer o público de que sabe o que se passa na comunidade que estuda.

Em Trinidad, minha pesquisa sobre alcoolismo na comunidade indiana levou-me a sugerir às autoridades de saúde do governo que o dinheiro público seria mais bem empregado em campanhas de educação pública para encorajar as pessoas com um problema a procurar o grupo AA mais próximo. Gastar dinheiro público já limitado em caras unidades de tratamento hospitalar seria um desperdício, pois a maioria dos indianos não consideraria nada que acontecesse em tal cenário como legitimamente terapêutico. O grupo AA, baseado no grupo de parentesco e na aldeia local, era um cenário de recuperação mais apropriado para aquela comunidade.

No estudo de desospitalização, pude usar meus dados para convencer os administradores do programa a incluir educação sexual no programa de reabilitação. Eu critiquei a valorização excessiva na fisiologia do sexo (anatomia básica, etc.), pois tal informação tinha tudo para não ser bem absorvida pelos clientes. Recomendei, em vez disso, um enfoque nos relacionamentos e sugeri que as "aulas" fossem estruturadas não como exposições didáticas, mas em sessões de "representação de papéis" nas quais os clientes pudessem experimentar estilos de comportamento e comentar o que eles tinham visto e como tinham participado disso.

HABILIDADES CENTRAIS

Embora haja, como veremos adiante, várias técnicas específicas de coleta de dados disponíveis aos etnógrafos, todas elas cabem em três grandes categorias que representam as habilidades centrais que precisam constar no repertório de todo pesquisador de campo: observação, entrevistas e pesquisa em arquivo.

OBSERVAÇÃO

> 1. Observação é o ato de perceber as atividades e os inter-relacionamentos das pessoas no cenário de campo através dos cinco sentidos do pesquisador.

A observação pode parecer a mais objetiva das habilidades etnográficas, pois aparenta requerer pouca ou nenhuma interação entre o pesquisador e aqueles que ele ou ela está estudando. Temos de lembrar, no entanto, que a objetividade de nossos cinco sentidos não é absoluta. Todos nós tendemos a perceber as coisas através de filtros; algumas vezes esses filtros fazem parte intrínseca do método de pesquisa (p. ex., nossos quadros analíticos ou teorias), mas algumas vezes eles são simplesmente projeções de quem nós somos: os preconceitos que vêm com nossos antecedentes socioculturais, gênero, idade, etc. Bons etnógrafos se esforçam para estar conscientes desses fatores – e então colocá-los à parte – pois eles constituem uma perspectiva que chamamos de etnocentrismo (a suposição – consciente ou não – de que nossa própria maneira de pensar e fazer as coisas é de alguma forma preferível e mais natural do que todas as outras). Mas não conseguimos nunca bani-los completamente.

O ideal seria que a observação começasse no momento em que o pesquisador entra no cenário de campo, onde ele ou ela faz o possível para pôr de lado todos os preconceitos, nada considerando como evidente. Às vezes se diz que o etnógrafo se torna uma criancinha, para quem tudo no mundo é novo. Consequentemente, o processo de observação começa pela absorção e registro de tudo com a maior riqueza possível de detalhes e o mínimo possível de interpretação. (Por exemplo, pode-se escrever "As pessoas no templo cantavam e se balançavam ao bater do tambor", em vez de "As pessoas no templo foram tomadas pelo êxtase religioso".) Aos poucos, à medida em que adquire mais experiência no campo de pesquisa, o pesquisador ou pesquisadora pode começar a distinguir as questões que parecem importantes e concentrar-se nelas, prestando proporcionalmente menos atenção às coisas de menor importância. É vital para o resultado da pesquisa que o etnógrafo também comece a reconhecer padrões – condutas ou ações que pareçam ser repetidas para que possam ser chamadas de típicas das pessoas estudadas (ao contrário das ocorrências únicas e talvez aleatórias).

Podemos pensar que todos nós temos uma facilidade natural para observar e descrever as pessoas e eventos que nos rodeiam. Mas, de fato, o que geralmente temos é um processo de projeção bem desenvolvido. Quando estamos funcionando nos nossos próprios mundos do cotidiano, é simplesmente ineficaz prestar atenção completa e objetivamente em tudo, até mesmo em coisas que nos são muito familiares. Nos nossos próprios mundos, aprendemos a focar. Aquilo que não "vemos" é quase sempre maior do que aquilo que "vemos". Apesar do peso que atribuímos a depoimentos de "testemunhas oculares", o fato é que as testemunhas oculares podem ser muito pouco confiáveis, pois a maioria de nós se acostumou a desconsiderar a maioria dos detalhes relevantes. Então a observação etnográfica não pode depender somente das nossas facilidades "naturais". Temos de trabalhar duro para realmente ver todos os detalhes de uma nova situação – ou (como no caso do estudo de desospitalização) para ver situações habituais pelos olhos de pessoas que de muitas maneiras são "estranhas" àquelas situações.

Algumas técnicas de observação são consideradas não participantes ou não intrusivas, e isso tradicionalmente significa que os informantes não sabem que estão sendo observados. Os padrões modernos de ética na pesquisa, que incluem procedimentos para "consentimento informado" (que serão discutidos em capítulo posterior), restringiram muito o âmbito da observação realmente não participante. Ainda é possível, porém, observar gente em lugares públicos onde você como pesquisador simplesmente se mistura (p. ex., tomando notas sobre como as pessoas se sentam na sala de espera de um aeroporto ou em uma agência do Detran); não é necessário se explicar nem obter permissão das pessoas assim observadas. O estudo de tais relações espaciais é conhecido como *proxêmica*; o estudo associado da "linguagem corporal" das pessoas é tecnicamente conhecido como *cinésica* (ver Bernard, 1988, p. 290-316, para uma discussão extensa das técnicas não participantes). Os pesquisadores devem, contudo, ser sensíveis a questões de privacidade até mesmo em espaços "públicos". É improvável que algo muito íntimo aconteça em uma área de espera de aeroporto. Mas fazer observações proxêmicas em um banheiro público pode certamente ser questionável.

Observações cuidadosas e razoavelmente discretas de comportamento proxêmico e cinésico podem nos dizer muito sobre as suposições não ditas das culturas. Entre os indianos de Trinidad há um senso restrito de espaço privado em comparação com os norte-americanos. As casas das pessoas mais tradicionais muitas vezes não têm portas ou quaisquer outras marcas separando as áreas de dormir das outras dependências. Por outro lado, as pessoas são bastante distantes e reservadas em termos de espaço interpessoal: há poucos abraços, poucas mãos dadas e outras formas de expressão emocional, pelo menos em lugares públicos. Manter uma "boa postura" parece ser importante e as crianças são às vezes explicitamente repreendidas por "vadiar por aí". Uma certa distância formal é mantida na maioria das circunstâncias. Os indianos às vezes expressam desprezo pelos trinidadianos não indianos que, dizem eles, "estão em cima de você o tempo todo".

Os adultos com retardo mental frequentemente não dominam as nuances do esperado comportamento proxêmico e cinésico dominante nos Estados Unidos. Na verdade, entre os sinais mais importantes de que as pessoas são "retardadas" estão os relacionados ao uso inadequado da linguagem espacial e corporal. As pessoas com retardo tendem a gostar de tocar e abraçar com força – muitas vezes elas parecem "invadir o espaço" das outras. Por outro lado, paradoxalmente elas parecem ter uma consciência muito bem desenvolvida do seu próprio espaço pessoal. Se um dos homens no programa tivesse seu próprio quarto – ou mesmo seu lado em um quarto compartilhado – ele o defendia com unhas e dentes e poderia até mesmo ter um acesso de fúria se alguém entrasse nele sem ser explicitamente convidado.

Há outros tipos de pesquisa não participante também eticamente defensáveis. Por exemplo, os estudos de vestígios de comportamento parecem muito com escavações arqueológicas, mas entre vivos. Houve muita publicidade sobre os projetos de "lixologia" – pesquisa baseada em examinar minuciosamente o lixo das pessoas para encontrar indícios de seu modo de vida. Pode-se questionar quão realmente "não intruso" chegaria a ser um projeto desses (eu, pelo menos, obviamente repararia em pesquisadores mexendo no meu lixo e talvez pensasse duas vezes sobre o que estou jogando fora), mas, mesmo se o sujeito souber que ele ou ela está sendo estudado e der permissão aos pesquisadores para continuar, não precisa haver nenhuma interação posterior entre pesquisadores e pesquisados.

Diante de preocupações éticas com a observação absolutamente não intrusiva (pois até o projeto mais inócuo pode ser considerado enganador em certas circunstâncias), os etnógrafos confiam mais frequentemente na observação de cenários onde eles próprios sejam conhecidos dos participantes e onde possam se envolver diretamente nas atividades (observação participante). Mas só porque o comportamento das pessoas em um cenário de pesquisa se desenrola aparentemente de forma não estruturada (ou assim possa parecer à "criancinha" pesquisadora no início de um estudo de campo), isto não significa que o próprio processo de observação deva ocorrer de um modo não estruturado. A boa observação etnográfica implica necessariamente um certo grau de estrutura. No mínimo, os pesquisadores devem cultivar o hábito de fazer anotações de campo bem organizadas que incluam:

- uma explicação do cenário específico (p. ex., escola, lar, igreja, loja);
- uma relação dos participantes (número, características gerais, p. ex., idades, gêneros);
- descrições dos participantes (feitas da forma mais objetiva possível: "O homem vestia calças rasgadas e sujas", não "O homem parecia pobre");
- cronologia de eventos;
- descrições do cenário físico e de todos os objetos materiais dentro dele (detalhadamente, sem pressupor coisa alguma);
- descrições de comportamentos e interações (evitando interpretações: "o homem chorava e batia na cabeça com os punhos", não "o homem parecia descontrolado" – especialmente se não for possível gravar em vídeo);
- registros de conversas ou de outras interações verbais (tão verbais quanto possível, especialmente se não for possível ou desejável ligar um gravador).

Alguns projetos que envolvem o emprego de uma equipe de muitos membros dependem de um processo de anotações padronizado e finamente ajustado. Mas, mesmo se estiver só, você precisa se preparar para registrar os dados da forma mais meticulosa possível. Quanto mais seus registros de observação nos locais escolhidos contiverem a mesma informação, mais consistente será o processo de recuperar e comparar os dados.

Minha pesquisa sobre o alcoolismo nas vidas dos modernos indianos de Trinidad levou-me a observar numerosas reuniões de Alcoólicos Anônimos, que tinham sido importadas dos Estados Unidos para a ilha na década de 1960. Meu cuidado com notas estruturadas permitiu-me responder prontamente a perguntas como: Qual é a idade média de "recuperação" do alcoólico indiano de Trinidad? (45-50 anos). Há uma determinada ordem das falas? (sim, os sóbrios há pouco tempo falam primeiro, preparando o palco para quem tem muitos anos de sobriedade documentada cujo "testemunho" é, por isso, rodeado da maior solenidade). Os indianos são os únicos alcoólicos da ilha? (não, mas são – com raríssimas exceções – os únicos que vão às reuniões de AA). Qual é o papel das mulheres? (elas servem os refrescos, mas não falam). Não fui, no sentido exato do termo, "observador participante" das reuniões de AA, pois não estou em recuperação por alcoolismo. Mas fui levado aos meus primeiros encontros por informantes que estavam nesta condição e que me apresentaram aos demais membros. Depois de algum tempo minha presença foi aceita.

Passei muitos anos como observador participante (como tutor voluntário) em salas de aula onde adultos com retardo mental tinham lições de habilidades básicas. Como eu estava "participando", tinha menos condições de tomar notas detalhadas *in loco* e por isso tive de cultivar a habilidade de reconstruir minhas observações o mais cedo possível após os acontecimentos. O hábito da anotação sistemática me ajudou principalmente quando comecei a observar outros programas na minha própria região (p. ex., os exclusivamente para pessoas com retardo mental diante dos programas que lidam com clientes com "duplo diagnóstico") e programas em outros estados, onde legislações e critérios de assistência um pouco diferentes estavam em operação. As anotações sistemáticas em todos esses cenários me permitiram comparar e contrastar comportamentos e interações que pareciam depender de fatores fora do controle do cliente, como as exigências dos vários sistemas burocráticos (p. ex., justiça criminal, educação).

UMA NOTA SOBRE TOMAR NOTAS

É impossível superestimar a importância de fazer anotações sistemáticas e organizadas sobre o campo quando se faz observação participante, quer se trabalhe só, quer como parte de uma equipe. Vale a pena lembrar os seguintes pontos sobre a redação de notas de campo:

- Cuide para que cada ficha de notas (ou qualquer outro formato de registro mais conveniente) tenha cabeçalho com data, lugar e hora de observação.
- Procure registrar o máximo possível de trocas verbais palavra por palavra; nada transmite mais a sensação de "eu estive lá" do que as próprias palavras dos informantes.
- Use pseudônimos ou outros códigos para identificar os informantes a fim de preservar o anonimato e o sigilo – você nunca sabe quando pessoas não autorizadas vão dar uma espiadela furtiva. Um pequeno conselho vindo de amarga experiência pessoal: não torne o seu sistema de códigos complexo e obscuro a ponto de nem você ser capaz de reconstruir o elenco de personagens.
- Cuide para registrar os eventos em sequência: alguns pesquisadores gostam de dividir seu bloco de notas (o mesmo conselho vai para quem toma notas diretamente em computadores *laptop*) em horas ou até minutos para poderem assim colocar as ações exatamente em ordem.
- Mantenha todas as descrições de pessoas e objetos materiais em nível objetivo; tente evitar fazer inferências baseadas apenas em aparências. (Ver Adler e Adler, 1994, e Angrosino e Mays de Pérez, 2000, para revisões mais abrangentes de teoria, métodos e ramificações éticas da observação participante.)

ENTREVISTAS

> 2. Entrevistar é um processo que consiste em dirigir a conversação de forma a colher informações relevantes.

A principal característica da observação participante, como vimos várias vezes na seção anterior, é descrever detalhes do modo mais objetivo possível, evitando interpretações e inferências, e pondo de lado os próprios preconceitos. O etnógrafo deve ser capaz de reconhecer ou inferir padrões significativos em comportamentos observados. Mas a inevitável questão que surge é: o que significam esses comportamentos exatamente? É necessário, então, começar a fazer perguntas às pessoas bem informadas na comunidade ou no grupo em estudo. Assim, as entrevistas são uma extensão lógica da observação.

Como vimos, embora a observação pareça ser nada mais do que aquilo que fazemos no dia a dia, ela exige um elevado grau de consciência, atenção a pequenos detalhes, e um cuidadoso registro de dados sistematicamente organizados para ser usado como ferramenta de pesquisa. De maneira parecida, podemos ser tentados a pensar que fazer entrevistas, que afinal de contas é uma maneira de conversar, seja algo que todos nós podemos fazer. Além do mais, vemos "entrevistas" o tempo todo na televisão – não parece exigir nenhum esforço. Por que, então, alguém chamaria a típica entrevista aberta e minuciosa da pesquisa etnográfica de "a forma mas tecnicamente desafiadora e, ao mesmo tempo, mais inovadora e excitante" de coleta de dados? (Esta é a posição assumida por Stephen Schensul, Jean Schensul e Margaret LeCompte em *Ethnographer's Toolkit*, uma obra abrangente e amplamente usada.) É claro que a entrevista etnográfica é mais complexa do que uma conversação comum que você teria com um amigo; ela também é, de certa forma, diferente da entrevista de televisão onde tanto o entrevistador como a celebridade entrevistada seguem mais ou menos um roteiro predeterminado e ajustam suas observações a um esquema de tempo limitado.

A entrevista etnográfica é de fato interativa, no sentido de acontecer entre pessoas que se tornaram amigas enquanto o etnógrafo foi observador participante na comunidade em que o seu ou a sua informante vive. Neste sentido, é diferente do tipo de entrevista que pode ser feita por um repórter de jornal em busca da informação de uma "fonte". Certamente não é a mesma coisa que um policial pressionar um suspeito, um advogado interrogar uma testemunha ou um profissional da saúde investigar a história médica de um paciente. Mas, por outro lado, é necessário ultrapassar os parâmetros de uma simples conversa amistosa, pois o pesquisador precisa mesmo descobrir certas coisas e deve estar atento para manter a conversa sob controle – tudo isso sem demonstrar arrogância ou impaciência.

A entrevista etnográfica é portanto de natureza aberta – flui interativamente na conversa e acomoda digressões que podem bem abrir rotas de investigação novas, inicialmente não aventadas pelo pesquisador. Neste sentido é um tipo de parceria em que o membro bem informado da comunidade ajuda o pesquisador a ir formulando as questões enquanto a entrevista se desenrola.

A entrevista etnográfica também é feita *em profundidade*. Ela não é uma mera versão oral de um questionário. Ao contrário, seu objetivo é sondar significados, explorar nuances, capturar as áreas obscuras que podem escapar às questões de múltipla escolha que meramente se aproximam da superfície de um problema.

Para obter o máximo de resultados etnográficos de uma entrevista, o entrevistador deve se preparar revendo tudo que ele ou ela já sabe sobre o tópico a ser abordado, e alinhavar algumas questões gerais sobre o que ainda quer saber. Estas questões não devem ser engessadas em uma lista, mas servir de roteiro para os assuntos principais da conversa. Embora a entrevista possa ser não estruturada (no sentido de não se prender a um conjunto formal de questões de enquete), ela absolutamente não é desordenada. Além das perguntas abertas com que o entrevistador inicia o encontro, várias outras serão questões investigativas destinadas a manter a entrevista fluindo em direções produtivas. Alguns exemplos de questões investigativas úteis incluem:

- assentimentos neutros ("Sim, eu compreendo ...");
- repetir o que a pessoa disse como uma pergunta para ter certeza que você entendeu corretamente ("Então sua família construiu a casa naquele lado da aldeia para ficar mais perto do templo?");
- pedir mais informações ("Por que o seu irmão mais velho pensou que precisava ir estudar na Inglaterra?");
- pedir esclarecimento de aparentes contradições ("Você me disse que nasceu em 1925 mas descreveu a chegada do último navio de contratados [que foi em 1917] ...");
- pedir opinião ("Você me falou das saídas de sua filha adolescente com namorados. O que você acha do modo de agir dos jovens hoje em dia?");
- pedir a elucidação de um termo ("Você fala de 'lagartear' à beira da estrada. O que significa isto, exatamente?" [ficar à toa com uma turma de amigos, geralmente com bebidas alcoólicas]), ou de um processo complexo ("Por favor, me explique outra vez as etapas da transformação da cana-de-açúcar em melado");

- pedir listas de coisas a fim de ter uma melhor ideia de como os membros da comunidade classificam e organizam o mundo ao seu redor ("Que tipos de bebida eles vendem na 'casa de rum' além de rum?");
- solicitar narrativas de experiências – casos concretos que ilustram uma questão geral ("Você fala de meninos 'desencaminhados' pela bebida. Pode me dizer se alguma vez se sentiu 'desencaminhado' e me falar sobre esse momento específico?").

Complementando esses passos positivos que você pode dar para fazer uma entrevista funcionar, há várias coisas a evitar – coisas que somadas podem representar o viés do entrevistador. Exemplos do que não fazer:

- perguntas de resposta embutida ("Você não se envergonha das coisas ruins que fez quando bebia tanto?");
- ignorar pistas quando o entrevistado ou entrevistada introduz temas novos que lhes parecem importantes;
- redirecionar ou interromper uma história;
- ignorar os sinais não verbais do entrevistado (p. ex., sinais de aborrecimento ou raiva);
- perguntas que pareçam dizer ao entrevistado a resposta que você quer ("Você não acha que AA fez muita coisa em benefício dos alcoolistas em Trinidad?");
- usar sinais não verbais (p. ex., balançar vigorosamente a cabeça, estender a mão para apertar a do entrevistado) para indicar quando o entrevistado lhe deu a resposta "certa".

Além dessas técnicas projetadas especificamente para manter o fio da entrevista, há vários pontos que tratam do "protocolo" geral de condução de uma entrevista:

- Tente evitar interferir demais na narrativa. Alguns manuais desaconselham em qualquer circunstância expressar suas próprias opiniões, mas eu não chegaria a tanto – você é, afinal de contas, uma pessoa real com sua própria perspectiva, e provavelmente não vai impressionar a pessoa com quem está falando comportando-se como um poste. Mas também você não deve usar a entrevista como fórum para expor suas próprias ideias ou criticar ou depreciar as ideias da pessoa que você está entrevistando.
- Olhe as pessoas nos olhos. Isto não significa encarar fixamente a pessoa que você está entrevistando – fazer isso apenas convenceria o entrevistado de que você é um lunático. O contato visual "normal" envolve uma olhadela ao longe de vez em quando. Mas com certeza não inclui

longos olhares para o nada, exame minucioso de seu gravador, redigir notas sem parar ou ficar dedilhando o computador.
- Tente controlar e evitar sinais não verbais indesejáveis (p. ex., expressões faciais que indicam nojo ou desaprovação, afastar sua cadeira da de quem está conversando com você).
- Dê tempo para um bate-papo quebrar o gelo. A imersão direta na entrevista tende a dar um tom de inquérito policial à sessão. Reserve um tempo para "vocês se conhecerem" (mais curto ou mais longo dependendo do humor da pessoa que você está entrevistando ou do período que você reservou para a sessão) mesmo se o tópico de tal "papo" estiver aparentemente meio fora dos eixos. De fato, na observação participante, nunca há nada realmente completamente fora dos eixos – nesses momentos informais de conversação surgem com frequência pistas proxêmicas e cinésicas importantes, bem como pistas sobre valores e atitudes das pessoas. Assim, mesmo se a conversação parecer casual, você não pode estar totalmente "de folga".
- Aceite hospitalidade quando oferecida. Muitas entrevistas etnográficas são feitas em casas, restaurantes, ou outros lugares onde as pessoas geralmente se encontram para conversar (i. e., não em assépticos laboratórios, escritórios majestosos ou bibliotecas onde se pede silêncio) e é muito natural compartilhar um lanche desde que de porções razoáveis – se uma grande e elaborada refeição vai ser servida, é melhor adiar a entrevista.
- Esteja atento à condição de saúde do entrevistado; não sobrecarregue quem estiver com a saúde fragilizada ou abatido por outras razões, não importa o quanto você gostaria de seguir à risca sua própria agenda.
- Faça o dever de casa! Embora você possa não ter ainda aprofundado sua própria compreensão das pessoas e seu modo de vida ao começar as entrevistas, aqui você já não deve estar completamente perdido. Há coisas que você observou e sobre as quais vai querer fazer perguntas – eventos, comportamentos, pontos de vista expressos que vai querer retomar e esclarecer. Chegando a este ponto você já deve saber algo sobre as principais instituições sociais da comunidade, bem como sobre a história do grupo. Você também deve ter pelo menos uma ideia geral de quem é quem na comunidade e como essas pessoas se relacionam umas com as outras.
- Personalize a entrevista. Peça que a pessoa com quem está falando compartilhe fotos, álbuns de recortes, e outras lembranças, as quais emprestam um toque pessoal aos comentários. Você pode também querer pedir este material emprestado à pessoa entrevistada para copiá-lo ou estudá-lo um pouco mais. Neste caso os originais devem sempre ser devolvidos o quanto antes e na mesma condição que você os recebeu. (Se esses itens tiverem um valor cultural ou histórico es-

pecial, você pode querer discutir com o entrevistado a possibilidade de doá-los a um museu, uma biblioteca ou outra instituição pública apropriada.)

ALGUNS TIPOS ESPECIAIS DE ENTREVISTA

As instruções gerais acima esboçadas para a entrevista etnográfica servem para a maioria dos casos, mas há certas situações em que as variedades especiais do método de entrevista são úteis.

A entrevista genealógica era parte da rotina dos antropólogos tradicionais (e de outros cientistas sociais interessados nas vidas de pessoas em cenários não urbanos), pois o parentesco – os laços de família e matrimônio – estava muitas vezes no centro dos modos de organização das comunidades "pré-modernas". A coleta sistemática de dados genealógicos pode ser usada para trazer à tona informação sobre os padrões de relações interpessoais na comunidade. Ela também pode ser aplicada em estudos de regras de descendência (inclusive a posse de propriedade), matrimônio e residência, bem como em estudos de padrões de migração e práticas religiosas.

O parentesco é raramente tão central para as comunidades urbanas modernas quanto foi para as antigas sociedades rurais de pequena escala. Mas até com a mobilidade aumentada, os "vínculos duradouros" ficam simplesmente atenuados, não ausentes. "O sangue" e o matrimônio podem não definir mais o lugar de uma pessoa no mundo, mas os modos como as pessoas estabelecem e mantêm relações umas com as outras ainda são governados por padrões e expectativas definíveis – eles não são aleatórios nem desorganizados. E assim o método genealógico tradicional evoluiu para a *análise de rede social*, que traça as conexões entre pessoas em situações extensivas (como os membros da geograficamente dispersa "diáspora" indiana), muitas vezes dependendo de modelos informáticos sofisticados para classificar essas conexões amplamente ramificadas. Embora em tais casos a análise propriamente dita tenha de ser feita através de uma complexa tecnologia, os dados são gerados inicialmente pela etnografia à moda antiga – fazendo perguntas às pessoas sobre seus relacionamentos – que caracterizava os estudos genealógicos de muitas décadas atrás.

Usando métodos de entrevista genealógica, fui capaz de determinar que os padrões de apadrinhamento no AA de Trinidad operavam através de linhas de parentesco. Os companheiros de bebida de um homem seriam provavelmente parentes próximos (especialmente seus primos pelo lado paterno) e quando qualquer um deles decidia tentar parar de beber, ele apadrinhava outros membros do grupo. Muitos grupos regionais de AA eram, de fato, compostos por membros de alguma antiga "turma da bebida" formada por parentes.

Era muito difícil extrair informação genealógica de adultos com retardo mental, mas pelo que fui capaz de observar aqueles que reconheciam uma forte rede de parentesco geralmente concluíam sua reabilitação com mais sucesso do que aqueles que se sentiam desconectados ou mesmo abandonados por seus parentes. Tal percepção, embora absolutamente não conclusiva, pode constituir a base de uma pesquisa mais estruturada, capaz de futuramente confirmar ou desmentir a associação entre a força dos laços familiares e a conclusão bem sucedida de um programa de reabilitação.

A *história oral* é um campo de estudo dedicado à reconstrução do passado pelas experiências daqueles que o viveram. Enquanto os detentores de poder político ou econômico muitas vezes escrevem suas memórias sobre grandes eventos, as pessoas comuns raramente tiveram oportunidade de contar as suas histórias. A história oral oferece portanto aos marginalizados e sem voz (p. ex., mulheres, membros de grupos minoritários, pobres, portadores de deficiência ou de orientação sexual alternativa) um meio para registrar suas histórias. O entrevistador de história oral reúne o máximo de participantes sobreviventes de algum evento importante (seja ele local, regional, nacional ou internacional) dando-lhes a chance de contar suas histórias pessoais – as quais em conjunto formam um mosaico de representações daquele evento. Este mosaico pode nos dar um quadro diferente do que foi exaltado nos livros oficiais de história e assim ajudar a pôr este quadro oficial em uma perspectiva mais ampla.

Uma variante da entrevista de história oral é a forma de pesquisa conhecida como *história de vida*. Em vez de tentar a reconstrução combinada de um evento específico como na história oral, a história de vida procura ver o passado através do específico microcosmo da vida de um indivíduo. Dependendo da inclinação teórica do pesquisador, este indivíduo pode ser um membro "típico" ou "representativo" de sua comunidade (de forma que sua história de vida simbolize a de todos cujas histórias não tenham sido registradas) ou uma pessoa "extraordinária" (que representa os valores e aspirações do grupo).

A análise de longas narrativas de história oral e de história de vida foi consideravelmente facilitada pelo desenvolvimento de *softwares* projetados para detectar temas e padrões nos textos. Mas tal como nos estudos de redes sociais, por mais sofisticada que seja a tecnologia de análise, a geração de dados continua sendo, em última instância, o resultado da tradicional entrevista etnográfica.

Minha compreensão de como e por que os indianos de Trinidad tinham se tornado alcoolistas, apesar de uma herança cultural antiálcool, foi formada pela história oral que colhi de homens que estavam na faixa dos 40 e 50 anos por ocasião da minha primeira pesquisa. Eles lembraram os dias da

Segunda Guerra Mundial quando Trinidad era usada como base da força aérea dos Estados Unidos. Trinidad não estava no centro da guerra, e os jovens aviadores tinham muito tempo livre – tempo que usavam entregando-se aos prazeres sensuais de uma ilha tropical. Foram eles que introduziram a cultura do hedonismo e do consumo conspícuo do "rum com coca-cola" de forte influência norte-americana. Os rapazes indianos daquela geração viram que o velho sistema colonial de *plantation* estava com os dias contados, e saíram rapidamente em busca dos empregos oferecidos na base aérea. Mas junto com os empregos veio o estilo de vida que eles encontraram junto aos americanos. Beber deixou de ser um tabu – tornou-se parte inseparável da adoção de novas potencialidades econômicas pelos jovens indianos.

As histórias de vida são a base da minha pesquisa sobre as experiências de adultos desospitalizados com retardo mental. Como o meu objetivo era entender a percepção de uma pessoa mentalmente comprometida num mundo complexo e de alta tecnologia, o melhor que eu podia fazer era ver como as pessoas assim diagnosticadas tinham enfrentado os desafios da vida. Ao contrário de uma entrevista clínica, que se concentraria na especifidade da condição de deficiência, uma história de vida dava aos informantes a oportunidade de falar sobre o que era importante para eles no decorrer das suas experiências vividas. Foi assim que pude descobrir a grande preocupação com a sexualidade e o desenvolvimento de relacionamentos maduros.

Embora a entrevista etnográfica clássica seja de natureza aberta, como acima descrito, também é possível conduzir entrevistas semiestruturadas, que usam perguntas predeterminadas relacionadas a "campos de interesse" (p. ex., "De que maneiras as pessoas ganham a vida nesta aldeia?", "Que tipos de programas comunitários estão disponíveis para adultos desospitalizados com retardo mental?"). Ao contrário da entrevista aberta, que pode rondar livremente a área delineada pelas questões gerais de pesquisa, a entrevista semiestruturada segue de perto o tópico escolhido de antemão e apresenta questões destinadas a extrair informação especifica sobre aquele tópico. As digressões e novas direções, tão importantes na entrevista aberta, não fazem parte da entrevista semiestruturada. Esta deve brotar naturalmente de uma entrevista aberta, acompanhando e esclarecendo questões que emergiram no formato anterior, mais informal e dialógico.

A entrevista semiestruturada também pode ser usada para operacionalizar fatores gerais em variáveis mensuráveis, que podem então ser desenvolvidas em hipóteses de trabalho, que por sua vez constituem a base de um levantamento etnográfico formal (um instrumento fechado projetado para coletar dados quantitativos de um número relativamente grande de informantes). A mecânica da pesquisa quantitativa é tratada nos livros de Flick (2007a, 2007b) nesta série. O ponto importante a ser lembrado aqui é que, na pesquisa etnográfica, o levantamento em grande escala com hipóteses testáveis através de dados quantificados origina-se em observações e entrevistas abertas anteriores; não se trata de um método isolado. A sua força depende do valor dos dados qualitativos que o informam (ver Kvale, 2007, para mais detalhes sobre a realização de entrevistas).

NOTA SOBRE AMOSTRAGEM

Embora haja cânones consagrados para determinar o tamanho de uma população a ser testada em um estudo puramente quantitativo, a questão "Quantos [indivíduos devo entrevistar, eventos devo observar]?" pode se tornar problemática na pesquisa etnográfica. A melhor resposta – ainda que não necessariamente a mais perfeita ou mais definitiva – é que

> *o tamanho de uma amostra depende das características do grupo que você está estudando, de seus próprios recursos (isto é, suas limitações legítimas de tempo, mobilidade, acesso a equipamento, etc.) e dos objetivos do seu estudo.*

Por mais geral que esta regra possa ser, há alguns pontos específicos que você pode querer considerar. Sua amostra deve refletir a heterogeneidade do grupo que você está estudando. Se for uma população muito diversificada, então você terá de entrevistar e observar mais para certificar-se de que você tem uma boa visão geral de todos os diferentes elementos dentro do grupo. Em um grupo puramente homogêneo, um estudo de caso de uma única pessoa seria uma "amostra" legítima. Mas como a maioria das comunidades estudadas são de fato diversificadas em maior ou menor grau, você deve estar consciente da gama de variações e incluir entrevistas e observações que reflitam esta variedade.

NOTA SOBRE A GRAVAÇÃO DE ENTREVISTAS

As entrevistas são costumeiramente registradas em gravadores de som. A gravação é um modo de assegurar a exatidão do que é dito e, no caso de histórias orais/de vida, é essencial ter a fala verdadeira pronta para ser ouvida novamente. Deve-se observar, contudo, que a gravação de som exige uma quantidade considerável de equipamentos (um gravador, possivelmente um microfone externo, fitas virgens, baterias que funcionem ou uma tomada elétrica disponível) que nem sempre podem ser adquiridos e carregados de um lado para outro. Embora hoje em dia seja possível comprar bons equipamentos de gravação de som relativamente baratos e discretos, o preço do equipamento sobe quando se necessita de uma qualidade maior (p. ex., para registrar vozes que tenham de ser conservadas para a posteridade). Além disso, as fitas gravadas são só o começo de um processo; as fitas têm de ser indexadas e, na maioria dos casos, transcritas para que a informação possa ser eficientemente recuperada. Na melhor das hipóteses a transcrição é um processo lento e maçante e o pesquisador comum não terá nem tempo nem habilidade para fazê-la bem. Por outro lado, os serviços de um transcritor profissional podem elevar muito os custos de um projeto.

Embora cada vez mais etnógrafos estejam usando o videoteipe para registrar várias interações sociais, ele não se tornou um modo padrão de gravar entrevistas, exceto entre aqueles que planejam usá-las como parte de documentários ou outros relatórios visuais, ou para aqueles particularmente interessados em capturar e analisar os aspectos não verbais da conversação. Embora o equipamento de videoteipe seja fácil de encontrar e não necessariamente muito caro, ele torna o processo de transcrição ainda mais difícil do que com o gravador de som. Além disso, as entrevistas gravadas em vídeo apresentam sérios problemas quando a questão é o sigilo dos participantes.

A menos que o pesquisador ou pesquisadora seja especialista em taquigrafia – aliás, um tipo de gente praticamente extinto – é geralmente impossível fazer por escrito o registro exato de uma entrevista. Mesmo se tratando de um especialista, seria desaconselhável depender de tal técnica, pois seria necessário passar um longo tempo olhando para o bloco de notas, perdendo assim o valioso contato visual com a pessoa entrevistada. Uma anotação ocasional não atrapalha, mas um registro completo por escrito não é exequível nem desejável na maioria das entrevistas etnográficas.

Assim, bem ou mal, o gravador de som continua sendo o acessório mais valioso para a condução de entrevistas e as subsequentes recuperação e análise dos dados. (Ver Schensul et al., 1999, p. 121-200, para uma exposição completa da teoria e do método de entrevista etnográfica.)

PESQUISA EM ARQUIVOS

> *3. A pesquisa em arquivos é a análise de materiais que foram guardados para pesquisa, serviço e outros objetivos, oficiais ou não.*

Indivíduos e grupos tendem a colecionar material relevante para suas histórias, realizações e planos futuros. Às vezes o material é altamente organizado (p. ex., atas de reuniões de uma diretoria, álbuns de fotos de família cuidadosamente guardados por um genealogista ardoroso, coleções de jornais). Mas, na maioria das vezes, ele é guardado de forma desleixada e malconservado. O desafio para o etnógrafo é encontrar essas fontes de informação, torná-las inteligíveis (no caso provável de elas não estarem ainda organizadas) e ajudar a preservá-las para futuros pesquisadores.

Alguns materiais arquivados foram reunidos originalmente com propósitos administrativos ou burocráticos. Neste caso, eles são chamados de fontes primárias e podem incluir:

- mapas;
- registros de nascimentos, óbitos, matrimônios, transações imobiliárias;
- censo, impostos e listas eleitorais;
- levantamentos especializados;
- registros do sistema de serviço de organizações humanitárias;
- procedimentos judiciais;
- atas de reuniões.

Deve-se observar que mesmo se esses materiais estiverem muito bem organizados e conservados, eles provavelmente não foram reunidos para a mesma finalidade que anima o pesquisador. Portanto, ele ou ela ainda precisa classificá-los para que contem a história que precisa ser ouvida.

Outra forma potencialmente importante de dados de arquivo são os dados secundários resultantes do estudo de outro pesquisador. Por exemplo, uma colega que fez trabalho de campo em Trinidad no ano anterior à minha chegada tinha reunido muita informação genealógica para fundamentar seu estudo da transmissão de certas doenças genéticas. Eu não estava interessado em genética, mas pude usar os dados que ela graciosamente me ofereceu para fundamentar minha crescente suspeita de conexão entre laços de parentesco e apadrinhamento de AA. Os frutos de muitos projetos de pesquisa estão hoje disponíveis em forma de citações e catalogada em bancos de dados computadorizados. O Arquivo da Área de Relações Humanas (*Human Relations Area File*) talvez seja a mais conhecida dessas fontes de informação transcultural.

A pesquisa em arquivos raramente sustenta-se sozinha como habilidade etnográfica, embora certamente possa fundamentar um estudo independente respeitável se a pesquisa de campo de primeira mão não for exequível. Mas quase sempre fica mais fácil acessar e interpretar materiais arquivados quando o pesquisador tem experiência de primeira mão na comunidade em estudo, e quando ele ou ela pode verificar as inferências feitas a partir dos dados arquivados em entrevistas com membros da comunidade estudada.

Há várias vantagens na pesquisa em arquivo:

- Ela é geralmente não reativa. O pesquisador ou a pesquisadora não influi nas respostas das pessoas, pois não está interagindo diretamente com as pessoas que deram a informação.
- Ela costuma ser relativamente barata.
- Ela é especialmente importante quando se quer estudar as transformações e comportamentos ao longo do tempo.
- Ela também é valiosa no estudo de assuntos que possam ser considerados difíceis ou delicados demais para serem diretamente observados ou questionados.

Por outro lado, o etnógrafo que pesquisa um arquivo deve estar consciente de alguns problemas em potencial.

- Os dados arquivados nem sempre são imparciais: Quem os coletou? Com quais propósitos? O que pode ter sido omitido (intencionalmente ou não) no processo de coleta? Mesmo a coleta assistemática resulta de um processo de seleção editorial; o pesquisador ou pesquisadora que chega depois não está, portanto, lidando com informação "pura".
- Nem mesmo os bancos de dados computadorizados mais modernos estão livres de erro: o fato de ter sido cuidadosamente transcrita não livra a coleta original de informações de possíveis erros.
- Pode haver problemas físicos ou logísticos no trabalho com esses dados, que podem estar guardados em locais inconvenientes ou insalubres (empoeirados, sujos, infestados de ratos ou baratas).

Todavia, apesar dessas advertências, os dados arquivados são recursos valiosos demais para serem simplesmente ignorados. (Berg, 2004, p. 209-232, dá uma excelente visão geral do uso de materiais de arquivo na etnográfica.)

Em suma, a boa pesquisa etnográfica depende de uma composição de fontes de observação, de arquivos e de entrevistas.

PONTOS-CHAVE

- A boa etnografia é o resultado da triangulação - o uso de múltiplas técnicas de coleta de dados para reforçar conclusões.

- As técnicas de coleta de dados etnográficos requerem-se em três habilidades principais:
  √ observação
  √ entrevistas
  √ análise de materiais de arquivo.
- A observação é o ato de perceber as atividades e inter-relações das pessoas no cenário de campo através dos cinco sentidos do pesquisador. Ela exige
  √ registro objetivo
  √ uma busca de padrões.
- As técnicas de observação podem ser
  √ discretas (p. ex., proxêmicas, cinésicas, estudos de traços de comportamento)
  √ de cunho participante.
- Entrevistar é o processo de dirigir uma conversação a fim de coletar informação. Há vários tipos de entrevista usados por etnógrafos:
  √ aberta, em profundidade
  √ semiestruturada (contribui para a pesquisa quantitativa)
  √ tipos especiais:
    - entrevistas genealógicas e de análise de rede
    - histórias orais e histórias de vida.
- Pesquisa em arquivo é a análise de materiais que foram guardados para pesquisa, serviço e outros propósitos, tanto oficiais como não oficiais. Há tanto fontes primárias quanto secundárias de dados de arquivo.

LEITURA COMPLEMENTARES

As seguintes leituras lhe darão mais informação sobre os métodos-chave apresentados neste capítulo:

Adler, P.A. e Adler, P. (1994) 'Observational techniques', in N.K. Denzin e Y.S. Lincoln (eds), *Handbook of Qualitative Research* (2ª ed.). Thousand Oaks, CA: Sage, pp. 377-92.

Angrosino, M.V. e A. Mays de Pérez (2000) 'Rethinking observation: from method to context', in N.K. Denzin e Y.S. Lincoln (eds), *Handbook of Qualitative Research* (2ª ed.). Thousand Oaks, CA: Sage, pp. 673-702.

Flick, U. (2007a) *Designing Qualitative Research* (Book 1 of the SAGE qualitativative Research Kit). London: Sage. Publicado pela Artmed Editora sob o título *Desenho da pesquisa qualitativa*.

Kvale, S. (2007) *Doing Interviews* (Book 2 of the SAGE qualitativative Research Kit). London: Sage.

Schensul, S.L., Schensul, J.J. e LeCompte, M.D. (1999) *Essential Ethnographic Methods: Observations, Interviews, and Questionnaires* (Vol. II de J.J. Schensul, S.L. Schensul e M. LeCompte, (eds), *Ethnographer's ToolKit)*. Walnut Creek, CA: AltaMira.

5

OBSERVAÇÃO ETNOGRÁFICA

Objetivos do capítulo

Após este capítulo, você deverá:

- saber mais sobre os conceitos e procedimentos associados com a técnica de observação;
- compreender melhor uma das três principais operações etnográficas discutidas no capítulo anterior.

DEFINIÇÃO DE OBSERVAÇÃO

Vimos que a pesquisa etnográfica é uma mistura equilibrada de observação, entrevistas e estudo em arquivo. Olharemos mais de perto aqui a observação, tanto nos seus aspectos participantes quanto não participantes.

O papel-chave da observação na pesquisa social foi reconhecido há muito tempo. De fato, nossa capacidade humana de observar o mundo à nossa volta constitui a base da nossa capacidade de tecer bons raciocínios sobre as coisas em geral. Muito do que sabemos sobre o nosso entorno vem de uma vida inteira de observação. Contudo, a observação no âmbito da pesquisa é um processo consideravelmente mais sistemático e formal do que a observação que caracteriza a vida diária. A pesquisa etnográfica é fundamentada na observação regular e repetida de pessoas e situações, muitas vezes com a intenção de responder a alguma questão teórica sobre a natureza do comportamento ou da organização social.

Uma simples definição de dicionário pode nos ajudar a situar a observação como uma ferramenta de pesquisa. Isto é:

> *Observação é o ato de perceber um fenômeno, muitas vezes com instrumentos, e registrá-lo com propósitos científicos.*

Está implícito nesta definição o fato de que quando notamos alguma coisa, nós o fazemos usando todos os nossos sentidos. No uso cotidiano, costumamos restringir a observação ao aspecto visual, mas um bom etnógrafo deve estar consciente da informação vindo de todas as fontes possíveis.

☑ OBSERVAÇÃO NA PESQUISA

Embora em suas primeiras manifestações como instrumento de pesquisa a observação fosse considerada "não reativa", de fato a observação pressupõe algum tipo de contato com as pessoas ou coisas que são observadas. A observação etnográfica (ao contrário do tipo de observação que pode ser conduzida em uma situação clínica) é feita em campo, em cenários de vida real. O observador tem assim, em maior ou menor grau, um envolvimento com aquilo que está observando.

Esta questão de grau diz respeito ao tipo de papel adotado pelo etnógrafo. A tipologia clássica dos papéis do pesquisador é a de Gold (1958), que distinguiu quatro categorias:

- No papel de observador invisível, o etnógrafo fica tão separado quanto possível do cenário em estudo. Os observadores não são vistos nem notados. Pensava-se que tal papel representava uma espécie de ideal de objetividade, embora isso seja bastante rejeitado porque se presta à dissimulação, conduzindo a impasses éticos que os pesquisadores contemporâneos tentam evitar. Contudo, alguns exemplos válidos e interessantes deste gênero continuam surgindo, como o estudo de Cahill (1985) sobre regras de interação em um banheiro público. O objeto deste estudo era o comportamento rotineiro no banheiro. Durante um período de nove meses, Cahill e cinco de seus alunos observaram o comportamento de usuários de banheiros em *shopping centers*, centros estudantis, universidades, restaurantes e bares.

- No papel de *observador-como-participante*, o pesquisador faz observações durante breves períodos, possivelmente visando a estabelecer o contexto para entrevistas ou outros tipos de pesquisa. O pesquisador é conhecido e reconhecido, mas relaciona-se com os "sujeitos" da pesquisa apenas *como* pesquisador. Por exemplo, Fox (2001) conduziu observações de um grupo de prisioneiros destinadas a estimular a "autotransformação cognitiva" entre criminosos violentos. Os objetivos da pesquisa de Fox foram explicados e endossados tanto pelo Departamento Estadual de Serviços Penitenciários como pelos facilitadores e membros do grupo. "Embora eu interaja com outros participantes," diz ela, "fico quieta a maior parte do tempo tomando notas."

- O pesquisador que é um participante-como-observador está mais completamente integrado à vida do grupo e mais envolvido com as pessoas; ele é igualmente um amigo e um pesquisador neutro. No entanto suas atividades de pesquisa ainda são reconhecidas. Por exemplo, Anderson (1990) e sua esposa passaram 14 verões vivendo em duas comunidades adjacentes, uma negra e de baixa renda, a outra racialmente mista mas cada vez mais branca e de renda tendendo a crescer de média para cima. Durante este tempo ele desenvolveu um estudo de interações envolvendo rapazes negros nas ruas das duas comunidades. Aqueles jovens estavam conscientes do estereótipo evocado por seu *status* e se ressentiam do modo como eram tratados (i. e., evitados) por outros que presumiam que eles fossem perigosos; mas eles também eram capazes de, em algumas circunstâncias, aproveitar essas supostas características para obter certas vantagens.

- Quando o pesquisador é um *participante totalmente envolvido*, todavia, ele ou ela desaparece completamente no cenário e se envolve totalmente com as pessoas e suas atividades, talvez até mesmo a ponto de nunca reconhecer a sua própria agenda de pesquisa. No jargão antropológico tradicional, esta postura foi um tanto desrespeitosamente chamada de "tornar-se nativo". Por outro lado, há bastante apoio ao desenvolvimento da "pesquisa de campo indígena", isto é, pesquisa conduzida por pessoas que são membros da cultura em estudo (da Matta, 1994, discutiu detalhadamente esta matéria). Presume-se às vezes que um "nativo" desenvolverá maior empatia com as pessoas observadas, embora isso não seja necessariamente verdadeiro, pois às vezes "misturar-se" por completo compromete fatalmente a capacidade do pesquisador de conduzir a pesquisa. É um paradoxo interessante que nos dois extremos do *continuum* – esteja o pesquisador totalmente envolvido ou completamente separado do cenário – possam surgir problemas éticos relacionados a práticas de dissimulação. Por isso, a maioria dos etnógrafos se posiciona numa posição intermediária entre os dois papéis.

Dada a ênfase nessas duas formas de envolvimento, não surpreende que os analistas tendam agora a discutir papéis em termos de associação ao grupo (ver, p.ex., Adler e Adler, 1994):

- Os pesquisadores que adotam a associação periférica interagem e observam de perto as pessoas em estudo, e assim criam identidades de *insiders*, mas não participam das atividades que constituem a essência da associação ao grupo. Por exemplo, os pesquisadores que estudam a cultura da droga nas ruas de uma grande cidade teriam de se estabelecer como pessoas conhecidas e de confiança, embora esteja subentendido que eles próprios não vão usar ou vender drogas (ver, p.ex., Bourgois, 1995).
- Em contraste, aqueles que assumem o papel de membro ativo envolvem-se realmente nessas atividades essenciais, embora tentem não se comprometer com os valores, metas e atitudes do grupo. Por exemplo, o antropólogo Christopher Toumey (1994) estudou um grupo de criacionistas; ele participou totalmente de suas reuniões e frequentou livremente suas casas, embora tenha deixado claro que como antropólogo não podia concordar com a posição filosófica deles sobre a teoria da evolução.
- Os pesquisadores que optam pela associação completa, no entanto, estudam cenários nos quais eles são membros ativos e engajados. Muita vezes eles são também defensores das posições adotadas pelo grupo. Por exemplo, Ken Plummer (2005) discute como ele se assumiu como gay: tendo se engajado num movimento político para reformar as leis sobre a homossexualidade na sua Grã-Bretanha natal e começar a estudar a cena gay na Londres do final dos anos de 1960.

A pesquisa etnográfica na qual o pesquisador assume um desses papéis de membro do grupo pode ser chamada de *observação participante*, que é "um processo de aprendizagem por exposição ou por envolvimento nas atividades cotidianas ou rotineiras de quem participa no cenário da pesquisa"

(Schensul et al., 1999, p. 91). Não devemos, contudo, pensar na observação participante como um método de pesquisa; ela é antes "uma estratégia que facilita a coleta de dados no campo" (Bernard, 1988, p. 150). O termo é uma combinação do papel do pesquisador (participante de algum modo) com uma técnica real de coleta de dados (observação). Os pesquisadores podem usar, naturalmente, outras técnicas de coleta de dados (levantamentos estatísticos, pesquisas em arquivo, entrevistas) ao mesmo tempo em que são participantes na comunidade em estudo; mas supõe-se que, mesmo enquanto fazem essas outras coisas, eles continuam sendo observadores cuidadosos das pessoas e dos eventos ao seu redor.

A OBSERVAÇÃO PARTICIPANTE COMO OFÍCIO

A observação participante é indicada para pesquisadores que lidam com:

- contextos específicos (p.ex., um *shopping center*, uma igreja, uma escola);
- eventos, que são definidos como sequências de atividades mais longas e mais complexas do que ações isoladas; eles geralmente acontecem em um local específico, têm objetivo e significado definidos, envolvem mais de uma pessoa, têm uma história reconhecida e se repetem com certa regularidade; uma eleição presidencial nos Estados Unidos é um exemplo de "evento" neste sentido;
- fatores demográficos (p.ex., indicadores de diferenças socioeconômicas, como tipos de materiais de casas/edifícios, presença de canalização interna, presença e número de janelas intactas, método de eliminação do lixo, fontes legais e ilegais de energia elétrica).

Para fazer observação participante – até mesmo uma com interação relativamente mínima com a população estudada – é necessário possuir as seguintes qualidades:

- *habilidades linguísticas* (um pré-requisito óbvio quando se conduz pesquisa em um lugar onde a sua própria língua não é a usada pelas pessoas estudadas, mas que não permanece verdadeiro mesmo quando, tecnicamente falando, todos falam a mesma língua, mas os diferentes grupos têm a sua própria gíria ou jargão ou atribuem diferentes significados à postura e à linguagem gestual);
- *consciência explícita* (ficar consciente dos detalhes mundanos que a maioria das pessoas filtram e deixam fora da sua observação de rotina);
- *uma boa memória* (porque nem sempre é possível registrar a observação no próprio local);

- *ingenuidade cultivada* (i. e., nunca temer questionar o óbvio ou o pressuposto);
- *habilidades para escrever* (porque finalmente a maior parte dos dados observados só será útil depois de colocada em algum tipo de contexto narrativo).

A DINÂMICA DA OBSERVAÇÃO PARTICIPANTE

A "observação" raramente envolve um ato isolado. Em vez disso, ela consiste numa série de passos que vão em direção à regularidade e precisão inerentes à nossa definição de trabalho.

- O primeiro passo do processo é a seleção do local. Um local pode ser selecionado para responder a uma questão teórica, ou porque ele representa de alguma forma um debate atual, ou simplesmente porque é conveniente. Contudo, seja qual for o motivo da escolha, é necessário que o pesquisador
- consiga entrar na comunidade. Algumas comunidades estão abertas a gente de fora, outras são menos transigentes. Se alguém precisa trabalhar em um desses cenários menos convidativos, preparações adicionais são necessárias. Informantes-chave, tanto formais (p. ex., policiais, políticos) quanto informais (p. ex., anciãos respeitados), devem ser contatados e dar sua aprovação e apoio.
- Assim que obtiver acesso ao local, o pesquisador individual pode começar a observação imediatamente. Aqueles que trabalham em equipe podem precisar de algum tempo para treinamento, a fim de garantir que cada um deles esteja desempenhando sua tarefa de maneira correta. Se alguém estiver trabalhando em uma situação que precise do auxílio de tradutores ou de outros habitantes da comunidade, pode ser necessário passar algum tempo orientando-os quanto os objetivos e atividades da pesquisa. Também pode ser necessário usar algum tempo para acostumar-se ao local. Quanto mais exótico for o local, maior será a probabilidade de o pesquisador sofrer um choque cultural – a sensação de esmagamento pelo novo e desconhecido. Mas, mesmo se estiver trabalhando perto de casa em uma vizinhança suficientemente conhecida, o etnógrafo pode passar por uma fase de "choque" só por estar interagindo com aquele meio no papel de pesquisador de maneiras bem diferentes das que caracterizaram seus encontros anteriores.
- Assim que a observação tiver começado, o pesquisador provavelmente achará necessário tomar nota de praticamente tudo. Uma compreen-

são do que é e do que não é essencial só aparecerá depois de repetidas observações (e provavelmente também de consultas com membros da comunidade). Em todo o caso, é crucial que as observações sejam registradas de modo a facilitar a recuperação da informação. Não há nenhum formato universalmente aceito para o registro de observações etnográficas. Alguns pesquisadores preferem listas de verificação altamente estruturadas, grades, tabelas e assim por diante; outros preferem narrativas mais livres. Outros gostam de inserir os dados diretamente em programas de computador, outros gostam (ou precisam, dependendo das condições locais) de usar meios manuais como cadernos, fichários, etc. O ponto principal é que o melhor método é aquele que ajuda o pesquisador a recuperar e analisar tudo que foi coletado, o que sempre será variável de um pesquisador para outro. Naturalmente, os projetos de grupo necessitam padronizar o registro de informações, mesmo se o método escolhido não tiver sido a primeira opção de alguns membros da equipe.
- Na medida em que a pesquisa avança, as observações vão aos poucos formando modelos discerníveis, que sugerem novas questões a serem investigadas, seja através de observações adicionais ou de outras formas de pesquisa. O antropólogo James Spradley (1980) referiu-se às etapas de observação como um "funil" porque o processo vai se estreitando gradualmente, dirigindo a atenção dos pesquisadores mais profundamente para os elementos do cenário que emergiram como essenciais, seja no plano teórico ou no plano empírico.
- As observações continuam até alcançar um ponto de saturação teórica. Isto significa que as características gerais das novas descobertas reproduzem consistentemente as anteriores.

☑ A QUESTÃO DA VALIDADE DOS DADOS ETNOGRÁFICOS

Os pesquisadores quantitativos podem demonstrar tanto a validade como a confiabilidade dos seus dados por meios estatísticos. "Confiabilidade" é uma medida do grau até onde qualquer observação é consistente com um modelo geral e não o resultado de um fenômeno aleatório. "Validade" é uma medida do grau até onde uma observação demonstra o que parece demonstrar. Os pesquisadores etnográficos qualitativos não estão normalmente preocupados com a confiabilidade, pois reconhecem o fato de que muito do que fazem não é, em última análise, possível de interna replicação. Não há nenhuma expectativa de que um pesquisador que observa uma comunidade em um dado momento reproduza os resultados de outro pesquisador que observou a mesma comunidade em um momento diferente. Ao contrário, um biólogo que observa processos celulares sob um microscópio deve chegar a resultados padronizados, seja ele ou ela quem for, independentemente de quando a observação foi feita, e assim por diante.

Não obstante, há algumas maneiras pelas quais a observação participante pode aproximar-se dos critérios de confiabilidade científica. Por exemplo, as observações conduzidas de forma sistemática (i. e., usando algum tipo de técnica padronizada para registro e análise dos dados) e que são repetidas regularmente durante certo tempo podem ser consideradas confiáveis se obtiverem resultados grosso modo comparáveis. Entretanto, o desejo de atingir a confiabilidade científica em observação participante subordina-se a uma concepção determinista e naturalista de pesquisa social na qual o comportamento humano é "regido por leis" e regular, podendo ser objetivamente descrito e analisado. Tal posição seria, sem dúvida, considerada irrelevante por pós-modernistas de vários tipos, como foi discutido em um capítulo anterior.

Por outro lado, até os pós-modernos devem levar a sério a validade; se não houver nenhuma base para confiar na observação, então a pesquisa não fará sentido algum. A questão da validade assombra a pesquisa qualitativa em geral, mas coloca problemas específicos para a pesquisa baseada em observação participante. As observações são suscetíveis aos vieses das interpretações subjetivas. Diferentemente da pesquisa baseada em entrevistas, que pode apresentar citações diretas de pessoas na comunidade, os resultados da observação participante são raramente "confirmáveis". Mesmo assim, há algumas maneiras dos pesquisadores que trabalham com observação participante legitimarem seu trabalho junto aos seus colegas. (Note que eles podem não ter de fazer isto para o grande público, para quem basta o fato de o pesquisador ter estado "lá" e falar com autoridade sobre o que descobriu.) Alguns dos meios mais comumente usados para obter validade incluem:

- Muitas vezes é aconselhável trabalhar com equipes ou vários pesquisadores (ver também Flick, 2007b), especialmente se eles representam diferentes perspectivas (p. ex., gênero, idade, origem étnica); os membros dessas equipes podem checar cuidadosamente uns aos outros para descobrir e eliminar ambiguidades. Certamente, um pesquisador cujos resultados não estiverem de acordo com os de seus colegas não está necessariamente "errado"; ele pode, de fato, ser o único que obteve o resultado certo. Contudo, a menos que haja razões convincentes para suspeitar que o solitário/dissidente encontrou algo importante, em geral prevalece o consenso do grupo.
- Pode ser possível usar o método da indução analítica (ver também Flick, 2007b), que neste caso significa que as proposições emergentes

(padrões obtidos a partir de resultados exemplares) são testadas com uma busca de contraexemplos. A meta é chegar a afirmações que possam ser tomadas como universais (ou "fundamentadas", na linguagem de algumas teorias).
- Ao redigir os resultados, o pesquisador pode ser estimulado a usar técnicas de verossimilhança. Este é um estilo de escrita que envolve o leitor no mundo estudado para evocar um clima de reconhecimento; usa-se nele uma linguagem rica e descritiva (em vez de "fatos e números" abstratos). A verossimilhança também é alcançada quando a descrição parece plausível, internamente coerente e reconhecível pelos leitores a partir de suas próprias experiências ou de outras coisas lidas ou ouvidas. Um trabalho que atinge esses objetivos é visto como autêntico por aqueles que o leem. Em outras palavras, mais do que outros tipos de "dados" científicos, as observações etnográficas só se tornam "válidas" quando são apresentadas em alguma forma coerente e consistente de narrativa.

Toda a questão de critérios para assegurar a qualidade de resultados de pesquisa gerados em contextos não quantitativos foi estudada extensivamente e resumida por Seale (1999). Guba e Lincoln (2005, p. 205-209) fazem uma breve revisão da literatura e também uma complexa reflexão filosófica sobre a questão da validade na pesquisa qualitativa. Após considerável exame dos modos pelos quais os pesquisadores qualitativos coletam dados, inclusive aqueles que usam a observação e outros meios etnográficos para coletar informação, Miles e Huberman (1994, p. 278-280) criaram alguns "indicadores" práticos (não "regras", eles cuidam de explicar) para ajudar-nos a avaliar a qualidade das conclusões de pesquisa. Eles dividem seus indicadores em cinco categorias básicas:

- *Objetividade/confirmabilidade* (ou "confiabilidade externa"): o grau até onde as conclusões fluem da informação que foi coletada, e não de um viés da parte do pesquisador.
- *Confiabilidade/garantibilidade/auditabilidade*: o grau em que o processo de pesquisa foi consistente manteve-se consistente e estável ao longo do tempo bem como através de vários pesquisadores e métodos.
- *Validade/credibilidade/autenticidade internas* (ou "valor da verdade"): o grau em que as conclusões de um estudo fazem sentido, se elas são críveis tanto para as pessoas estudadas como para os leitores do relatório, e se o produto final é um registro autêntico do que foi observado.
- *Validade/transferibilidade/ajustabilidade externas*: o grau em que as conclusões de um estudo têm relevância para assuntos que extrapolam

o próprio estudo (i. e., podem os resultados ser generalizados para outros contextos?).

- *Utilização/aplicação/orientação de ação* (a "validade pragmática" de um estudo): o grau até onde programas ou ações decorrem dos resultados de um estudo e/ou o grau até onde as questões éticas são tratadas com honestidade (para critérios mais gerais na pesquisa qualitativa, ver Flick, 2007b).

☑ O VIÉS DO OBSERVADOR

Os etnógrafos em geral, e os pesquisadores que trabalham com observação participante em particular, são frequentemente criticados pela subjetividade que informa o seu trabalho. Até mesmo a observação aparentemente mais discreta pode ter inesperados "interferências de observador" – a tendência das pessoas de mudar seu comportamento porque sabem que estão sendo observadas. A maioria dos pesquisadores contemporâneos concordaria que não é aconselhável tentar evitar todos os vestígios da interferência do observador, pois a única maneira de fazer isto seria retornar às táticas de disfarce do "observador completo", que têm sido muito criticadas como potencialmente antiéticas. No entanto, há algumas maneiras de minimizar o viés que quase sempre aparece na pesquisa observacional:

- Pode-se dizer que a própria naturalidade da observação ameniza o viés, pois o observador (ao contrário do entrevistador, por exemplo) não costuma solicitar que as pessoas façam nada fora do comum. Espera-se que, com o tempo, a presença dele ou dela deixe até de ser um fato notável e que as pessoas simplesmente sigam normalmente com as suas vidas.
- A observação participante é emergente, o que neste contexto significa que seu potencial de criatividade é grande. Os pesquisadores observacionais podem, se quiserem, evitar categorias predeterminadas; em qualquer ponto do processo acima esboçado, o pesquisador pode mudar a questão ou as questões que ele ou ela está investigando. A observação tem o potencial de produzir novas percepções na medida em que a "realidade" fica mais nítida em decorrência da experiência em campo.
- A observação participante pode ser bem articulada com outras técnicas de coleta de dados. As experiências clínicas ou de laboratório, por exemplo, são destituídas de cenário natural e contexto de ocorrência; elas geram "dados" independentes do contexto nos quais todas as variáveis "irrelevantes" foram rigorosamente excluídas. Mas a etnografia baseada em trabalho de campo raramente é construída em de uma experiência de observação controlada. Em vez disso, observa-se a vida como ela é vivida em seu cenário natural e os resultados da observa-

ção são constantemente checados e comparados com a informação oriunda das entrevistas, pesquisas em arquivos, etc. Esse processo de triangulação, que como vimos é intrínseco à etnografia em geral, dá uma boa margem de segurança contra os vieses que podem advir da observação "pura" (ver também Flick, 2007b).

OBSERVAÇÕES EM ESPAÇOS PÚBLICOS

Uma das aplicações mais características da observação participante é aquela que é executada em espaços públicos. De fato, considerando a natureza deste cenário, a observação é quase sempre a técnica preferida, devido à dificuldade de arranjar entrevistas em tal cenário e à falta de documentos sobre uma população inconstante, heterogênea e maldefinida. A pesquisa tradicional em espaços públicos, como a de Erving Goffman, era executada de acordo com o papel camuflado do "completo *outsider*". Embora isso tenha mudado bastante, os espaços públicos continuam sendo um "campo" especial para a observação participante.

Alguns espaços públicos são bem claramente delineados (p. ex., saguões de aeroporto, *shopping centers*), outros nem tanto (p. ex., ruas centrais movimentadas), mas todos oferecem o contexto para estudos que envolvem ordem moral, relações interpessoais e normas para lidar com diferentes categorias de indivíduos, inclusive os mais estranhos. Pode-se argumentar que na sociedade urbana os espaços públicos são o cenário ideal para a pesquisa, no sentido de representarem um microcosmo da sociedade como um todo – densa, heterogênea e até perigosa. As pessoas em sociedades urbanas parecem passar grande parte de suas vidas em público, tanto assim que as atividades outrora privadas (p. ex., falar ao telefone) são hoje comumente desempenhadas em público. É principalmente em sociedades tradicionais de pequena escala que ainda encontramos atividades essenciais desempenhadas, por assim dizer, a portas fechadas – em espaços privados aos quais não temos acesso. Deste modo as observações etnográficas em espaços públicos permitem que pesquisadores coletem dados de grandes grupos de pessoas e assim identifiquem padrões de comportamento de grupo.

Pode-se dizer que o anonimato e a alienação da vida em um ambiente urbano moderno levam as pessoas a criar territórios privados dentro do contexto público mais amplo; até dentro de um elevador lotado as pessoas geralmente assumem posturas rígidas para transmitir a ideia de que não estão interessadas em encostar-se em mais ninguém. No entanto, quando as pessoas saem desses pequenos espaços protegidos e vão para o espaço público mais amplo, elas precisam prosseguir com conhecimento suficiente sobre a gama potencial de tipos sociais com os quais elas podem ter de lidar;

em outras palavras, elas têm de saber como lidar com as ações de estranhos. Em sociedades tradicionais, geralmente era subentendido que não se podia nunca confiar em estranhos porque nunca se sabia como "decifrá-los". Mas na sociedade urbana, onde quase todo mundo é estranho, seria contraproducente colocar a todos na vala comum dos "desconhecidos".

Então aprendemos a separar as pessoas em tipos ou categorias e reagimos a esses tipos mesmo sem conhecer pessoalmente os indivíduos que os representam. Com toda a certeza, isso leva inevitavelmente a formar estereótipos, às vezes com consequências infelizes. Mas esta é a troca que a maioria das pessoas fazem para poder lidar com um ambiente potencialmente ameaçador. Talvez o mais famoso - e até notório - exemplo de observação participante de espaço público seja o de Humphreys (1975), que assumiu o papel disfarçado de observador-como-participante em um banheiro público. A intenção dele era observar homens envolvidos em encontros homossexuais impessoais. Usando uma metodologia muito estruturada de registro de dados, ele concluiu que os homens neste cenário adotam um de vários papéis possíveis, que ele descreveu como de atendente, voyeur, masturbador, ativo e passivo. Ele também registrou meticulosamente as características dos participantes e suas relações com seus parceiros temporários, bem como com *outsiders* potencialmente perigosos. A natureza provocativa do estudo de Humphreys suscitou críticas na época de sua publicação e continua sendo a ilustração concreta da questão ética na observação participante, um tema que retomaremos agora, usando este estudo como caso exemplar.

ÉTICA E OBSERVAÇÃO PARTICIPANTE

As questões gerais de ética na pesquisa, aplicada à etnografia, serão discutidas em um capítulo ulterior, mas há alguns pontos que precisam ser aprofundados a respeito da etnografia.

Por um lado, a natureza relativamente não intrusiva da observação participante diminui as chances de encontros interpessoais desfavoráveis entre o pesquisador e seu objeto. Mas é justamente essa característica não intrusiva que abre caminho para o abuso na forma de invasão de privacidade. Um pesquisador pode ser culpado disto ao entrar em lugares que podem ser concebidos como privados embora tenham um caráter público (p. ex., um banheiro público) ou intrometendo-se na zona de privacidade demarcada por pessoas dentro de um espaço público maior (p. ex., tentando ouvir o que é claramente uma conversa privada embora ela aconteça bem ao seu lado em um movimentado balcão de lanchonete). Isso pode ocorrer também quando um pesquisador finge ser membro de um grupo que ele ou ela quer observar. Fazer isto não é necessariamente um problema sério (embora continue sendo uma violação ética) se o grupo não estiver protegendo a sua própria identidade; por exemplo, um pesquisador que se faz passar por passageiro rodeando-se de bagagens para observar um saguão de aeroporto não está violentando a integridade de ninguém. Contudo, se o grupo tiver uma identidade estigmatizada, ou estiver envolvido em atividades criminosas, ou for considerado por outros como desviante, então fingir ser parte do grupo pode representar uma invasão muito significativa da privacidade alheia.

Alguns pesquisadores questionam a aplicação generalizada desta regra de não invasão da privacidade, perguntando se conformar-se a ela não eliminaria automaticamente certos assuntos delicados – mas de óbvia importância social– como sexo, por exemplo, do roteiro de pesquisa. A resposta habitual é que estudar assuntos delicados não é tabu – mas fazê-lo sem a permissão expressa dos participantes é eticamente errado. Em todo caso, hoje em dia é geralmente aceito que:

- É antiético para um pesquisador adulterar deliberadamente a sua identidade para entrar em um domínio privado onde, de outra forma, sua presença não seria permitida.
- É antiético para um pesquisador adulterar deliberadamente a natureza da pesquisa na qual ele ou ela está envolvido. (Ver Erikson, 1967, para uma exposição desses princípios.)

Estas reflexões nos trazem de volta à pesquisa de Humphreys. Seu livro, quando foi publicado, teria sido suficientemente controvertido pelo próprio assunto, que não era comum na pesquisa social daquela época e era considerado absolutamente excitante pelo grande público. Mas no início as críticas não foram dirigidas às atividades de Humphreys enquanto observador. Elas se referiam, em vez disso, ao modo como ele continuou a sua pesquisa além do banheiro. Entre os dados que tão cuidadosamente coletou estavam os números das placas dos carros dos homens observados no banheiro. Terminada a etapa de observação, usando os números das placas, ele saiu em busca de todos eles e providenciou entrevistas com aqueles que conseguiu encontrar. Ele tinha mudado sua aparência e se identificou como participante de uma pesquisa de saúde pública. Ele não revelou que disfarçadamente os tinha encontrado antes. Embora estivesse apenas coletando dados demográficos – inócuos em e por si mesmos – e não espiando os detalhes de suas vidas sexuais, o fato de ele ter sido capaz de fazer uma ligação entre homens envolvidos em uma atividade ilícita e o seu contexto demográfico mais amplo, e de ter feito isto sem o conhecimento deles, isto sem falar em sua permissão, foi considerado um assunto muito preocupante.

O escrutínio deste aspecto da pesquisa levou muitas pessoas a reexaminar o estudo etnográfico original. Enquanto esteve no banheiro, o próprio

Humphreys experimentou alguns dos papéis, inclusive de heterossexual/espectador e atendente. Nenhuma dessas poses deu-lhe o acesso de que necessitava. Então ele decidiu fazer o papel de *watchqueen*, essencialmente de um vigia. Neste papel ele acabou ganhando a confiança dos outros, que ignoravam seu propósito de fazer observações cuidadosas do comportamento deles e de apenas eventualmente avisá-los da aproximação de algum perigo. Como *watchqueen*, Humphreys pôde desempenhar um papel reconhecido e valorizado de membro que ainda assim limitava sua participação na atividade sexual ao seu redor. Os críticos de Humphreys argumentaram que ele estava eticamente errado por ter posado de forma fraudulenta como membro para ganhar acesso ao grupo. Além disso, Humphreys foi acusado de colocar suas necessidades de pesquisador à frente dos direitos das pessoas que ele estava estudando. Ele não deu suficiente atenção a quais seriam as consequências se sua pesquisa viesse a público em circunstâncias além de seu controle. Assim, também não foi cogitado que a policia poderia confiscar suas anotações e processar criminalmente os homens pesquisados.

Humphreys é provavelmente um caso extremo. A maioria dos etnógrafos não se arriscam em uma tal zona de perigo moral, e quando o fazem estão presumivelmente munidos de precauções éticas hoje exigidas por lei (ver Capítulo 8 para um exame dessas medidas). Mas é importante lembrar que mesmo quando um contexto não é tão obviamente controvertido quanto um banheiro público, a questão ética pode surgir se a observação é camuflada e a identidade do pesquisador é falsificada.

Em resumo, "os pesquisadores são avisados de que devem levar em consideração os direitos dos informantes de estarem livres de manipulação quando os benefícios potenciais do papel da pesquisa forem pesados contra os danos que possam advir" (Adler e Adler, 1994, p. 389).

☑ PONTOS-CHAVE

- Observação é o ato de perceber um fenômeno, muitas vezes com instrumentos, e registrá-lo com propósitos científicos.
- Etnógrafos que trabalham com técnicas de observação participante em suas pesquisas podem assumir papéis que vão do de observador invisível ao de participante completamente envolvido, embora a maioria opte pelos papéis de membro ou participante, situando-se numa posição intermediária entre os dois extremos.
- A observação participante não é um ato isolado, mas sim um processo gradual que envolve

    √ seleção de local
    √ a obtenção do acesso na comunidade

- √ o treinamento de colaboradores e/ou participantes locais, como se fizer necessário
- √ tomada de notas:
    - estruturadas
    - narrativas
- √ discernir de padrões
- √ atingir a saturação teórica, um estado no qual as características genéricas de novos resultados reproduzem consistentemente os anteriores.
• A confiabilidade da observação participante é uma questão de registro sistemático, análise de dados e repetição regular das observações durante um determinado período de tempo.
• A validade da pesquisa observacional é um meio de determinar a autenticidade dos resultados. Ela pode ser atestada em termos de
    - √ diversos pesquisadores
    - √ indução analítica
    - √ verossimilhança.
• O viés do observador pode ser atenuado porque a pesquisa observacional é
    - √ natural
    - √ emergente
    - √ combinada com outras técnicas.
• Observações realizadas em espaços públicos são passíveis de graves problemas éticos por causa do potencial abuso do direito à privacidade das pessoas pesquisadas.
    - √ É antiético para um pesquisador adulterar sua identidade com o propósito de entrar em um espaço privado onde, de outra forma, sua presença não seria permitida.
    - √ É antiético para um pesquisador adulterar deliberadamente a natureza da pesquisa na qual ele ou ela está envolvido.

☑ LEITURAS COMPLEMENTARES

Os textos abaixo examinam as questões mencionadas neste capítulo:

Bernard, H.R. (1988) *Research Methods in Cultural Anthropology*. Newbury Park, CA: Sage.

Flick, U. (2007b) *Managing Quality in Qualitative Research* (Book 8 of the *Sage Qualitative Research Kit*). London: Sage. Publicado pela Artmed Editora sob o título *Qualidade na pesquisa qualitativa*.

Schensul, S.L., Schensul, J.J. e LeCompte, M.D. (1999) *Essential Ethnographic Methods: Observations, Interviews, and Questionnaires* (Vol. II of J.J. Schensul, S.L. Schensul and M.D. LeCompte, (eds), *Ethnographer's ToolKit*). Wal*bservat*nut Creek, CA: AltaMira.

Spradley, J.P. (1980) *Participant Oion*. New York: Holt, Rinehart & Winston.

6

ANALISANDO DADOS ETNOGRÁFICOS

Objetivos do capítulo

Ao final deste capítulo, você deverá:

- estar familiarizado com os modos pelos quais os dados coletados através de pesquisa etnográfica podem ser sistematicamente interpretados para uma busca de padrões;
- saber de que formas tais padrões podem ser explicados e utilizados como base para pesquisa futura.

Tendo usado as várias técnicas de coleta de dados discutidas no capítulo anterior, seja individualmente ou (de preferência) em conjunto, o pesquisador se defronta com a questão do que fazer com aquela considerável quantidade de informação. Uma parte dela será numérica (p. ex., o resultado de levantamentos etnográficos formais), mas grande parte provavelmente estará em forma de narrativa (i. e., o resultado de entrevistas em profundidade, ou as notas resultantes de observações estruturadas). A despeito do que a sabedoria convencional nos diz, os fatos não falam por si. Mesmo os dados quantitativos precisam ser interpretados. Os dados coletados precisam ser analisados para que surja algum tipo de sentido de toda aquela informação. Não podemos portanto falar em como coletar dados em pesquisa etnográfica sem considerar também como analisar tais dados.

Há duas formas principais de análise de dados:

- *Análise descritiva* é o processo de tomar o fluxo de dados e decompô-lo em suas partes constitutivas; em outras palavras, que padrões, regularidades ou temas emergem dos dados?
- *Análise teórica* é o processo de descobrir como aquelas partes componentes se encaixam; em outras palavras, como podemos explicar a existência de padrões nos dados, ou como deciframos as regularidades percebidas?

☑ PADRÕES

Como você reconhece um padrão? Basicamente, um verdadeiro padrão é aquele que é partilhado pelos membros de um grupo (seu comportamento real) e/ou que se acredita desejável, legítimo, ou correto pelo grupo (seu comportamento ideal). Podemos sistematizar o reconhecimento de padrões através dos seguintes passos:

- Considere cada declaração feita por alguém na comunidade que você está estudando. Ela foi: (a) feita para outros numa conversação do dia a dia, ou (b) extraída por você numa entrevista?
- Para cada uma dessas duas condições, considere se ela foi: (a) feita voluntariamente pela pessoa, ou (b) conduzida por você de alguma forma.
- Considere cada atividade que você observou. Ela (a) ocorreu quando você estava sozinho com um único indivíduo, ou (b) ocorreu quando você estava na presença de um grupo?
- Para cada uma dessas duas condições, considere se: (a) a pessoa ou grupo agiu espontaneamente, ou (b) agiu por alguma provocação de sua parte.

Em geral, as declarações e as ações públicas têm maior probabilidade de refletir o comportamento ideal do grupo do que as de caráter privado. As declarações e as atividades que ocorrem espontaneamente ou que são dadas voluntariamente pelas pessoas na comunidade têm maior probabilidade de ser partes de um modelo compartilhado do que aquelas provocadas pelo pesquisador.

Ao conduzir pesquisa etnográfica em campo, temos sempre de lembrar que não temos o controle de todos os elementos no processo de pesquisa: estamos capturando a vida como ela está sendo vivida, e assim devemos estar conscientes de que as coisas que podem parecer significativas para nós como pessoas de fora, como *outsiders*, podem ser ou não igualmente significativas para as pessoas que vivem na comunidade estudada – e vice-versa. Os cientistas sociais (especialmente os antropólogos) referem-se às duas perspectivas do significado como *êmico* e *ético*. Esses termos são originários da linguística, onde a análise fonêmica se refere ao delineamento de sons que transmitem significado a quem fala uma língua nativa, enquanto a análise fonética converte todos os sons para um tipo de sistema de código internacional que permite a compreensão comparativa de significados. Então, no sentido mais simples, uma perspectiva "êmica" dos dados culturais e sociais é aquela que busca padrões, temas e regularidades como eles são percebidos pelas pessoas que vivem na comunidade; uma perspectiva "ética" é aquela que é aplicada pelo pesquisador (que terá pelo menos lido a respeito, ou conduzido trabalho de campo em primeira mão em muitas outras comunidades) interessado em ver como o que acontece num lugar pode ser comparado às coisas que acontecem em outros lugares.

Os pesquisadores de campo tentam fazer uma constante verificação da validade, que envolve basicamente um ir e vir entre as perspectivas êmica e ética. Como tantos outros processos que discutimos, a verificação da validade parece uma atividade razoavelmente direta e intuitiva; o truque, como de hábito, é aprender a fazer isto de maneira sistemática. Há alguns elementos importantes neste processo:

- Procure tanto por consistências como inconsistências naquilo que os informantes mais cultos lhe dizem; investigue também os temas que podem dividir as opiniões da comunidade e as razões das controvérsias.
- Compare o que as pessoas na comunidade dizem sobre comportamentos ou eventos com outras evidências, quando disponíveis (p. ex., notícias de jornal, relatos de outras pessoas que fizeram pesquisa de campo na mesma comunidade ou em outra muito semelhante a ela). Mas lembre-se de que mesmo se o que as pessoas lhe dizem está factualmente "errado", os seus pontos de vista não são irrelevantes; tente descobrir por que eles mantêm suas visões "errôneas".
- Esteja aberto aos contraexemplos. Se aparecer um caso que não se ajuste à sua visão ética, tente descobrir a razão desta discrepância. Resulta de simples variação interna na cultura da comunidade? Reflete sua própria falta de conhecimento sobre a comunidade? Ou trata-se de verdadeira anomalia, que se destacaria mesmo numa perspectiva êmica (ver Flick, 2007b)?

- Jogue com explicações alternativas para os padrões que parecem estar emergindo. Não se prenda a uma única perspectiva de análise antes de estar com todos os dados à mão.

ANÁLISE DE DADOS

Não existe nenhuma fórmula aceita por todos os etnógrafos que possa servir de parâmetro para a análise de dados coletados em campo (ver Gibbs, 2007). Na verdade, alguns teóricos salientaram que a análise de dados (excetuando os dados quantitativos) é necessariamente "feita sob medida" para satisfazer as exigências próprias de projetos específicos. A análise etnográfica de dados pode assim parecer mais uma arte do que uma ciência e certamente os etnógrafos foram acusados de ser cientistas *soft* (i. e., intuitivos e impressionistas, ao invés de rigorosos em suas análises). Mas há mais regularidade em suas abordagens do que pode parecer à primeira vista, e vários pontos importantes são encontrados na maioria das descrições das etapas deste processo. Elas podem ser tomadas como o esboço um razoável quadro da análise etnográfica. Lembre-se, porém, de que essas "etapas" não precisam acontecer numa sequência rígida. Elas podem ocorrer simultaneamente, e algumas delas podem ter de ser repetidas no decorrer da pesquisa.

- *Gerenciamento de dados.* Como foi observado no capítulo anterior, é essencial manter o diário de campo bem organizado. Cada vez mais, os etnógrafos contemporâneos acham conveniente manter seus diários de campo em arquivos de computador. Mas ainda existem pesquisadores em campo desprovidas de tecnologia (às vezes porque as circunstâncias do trabalho de campo não favorecerem o uso de computador, outras vezes simplesmente por uma questão de hábito ou preferência) usando pastas de arquivos ou fichas de papel. Eu gosto de usar cadernos de folhas removíveis divididas em categorias, que guardam todas as notas num mesmo lugar mas permitem que sejam movidas de acordo com a necessidade. Nenhum método é superior a outro – depende sempre de como você gosta de trabalhar. A coisa mais importante é que você possa encontrar e recuperar os dados depois que os arquivou, independentemente do formato de arquivamento que esteja usando (ver Gibbs, 2007, para uma outra discussão destes assuntos).
- *Leitura panorâmica.* Costuma ser uma boa ideia fazer um apanhado geral das suas anotações antes de empreender análises mais formais. Pode haver detalhes que você esqueceu desde a primeira coleta da informação, e uma leitura panorâmica refrescará a sua memória. Ela também será um incentivo para você começar a refletir sobre o que

pensa que sabe agora, e começar a se perguntar sobre o que ainda quer entender.
- *Esclarecimento das categorias utilizadas.* Comece com uma descrição daquilo que você viu em suas anotações. Passe então para uma classificação das notas, um processo de separar partes da descrição narrativa e identificar temas ou categorias. Algumas vezes você pode identificar temas com base na sua revisão da literatura acadêmica sobre o(s) tópico(s) que está investigando. Lembre-se de que a "literatura" pertinente ao seu estudo inclui análises teóricas e explorações metodológicas além de etnografias em comunidades semelhantes. Em outros casos, você não terá temas preconcebidos, mas permitirá que surjam da sua leitura dos dados. Em qualquer caso, comece no máximo com seis temas. Com temas em demasia, cada incidente forma a sua própria categoria e você não ganha nada; se os seus temas forem muito poucos, você corre o risco de confundir afirmações ou comportamentos que podem ser bem distintos. Você sempre pode refazer suas categorias temáticas ao longo do caminho mas, num primeiro momento, precisa de algo para começar.

No estudo de Trinidad, pude me valer de um uma ampla bibliografia já existente sobre o sistema de contrato indiano internacional. Naqueles textos identifiquei vários temas-chave que foram úteis na organização de meus próprios dados: a perda da referência na casta; mudanças na estrutura familiar; o papel das religiões tradicionais; as oportunidades econômicas no período pós-contrato; as relações políticas entre indianos e não indianos na sociedade pós-colonial; a migração secundária (i. e., a segunda ou terceira geração de indianos migrando para a Inglaterra, o Canadá ou os Estados Unidos). Organizei o meu caderno de notas usando esses temas como categorias principais. Ao ler minhas anotações para dar início à análise dos resultados finais, confirmei algo que já suspeitava: a primeira categoria era mais ou menos irrelevante para os indianos de Trinidad e, com exceção dos brâmanes (os especialistas religiosos), nem as pessoas mais idosas conseguiam se lembrar corretamente das suas afiliações de casta tradicionais e ninguém parecia muito preocupado por este suposto pilar da cultura indiana ter desaparecido ao longo das gerações do contrato. Então, além de afirmar que sim, havia acontecido uma "perda de casta" na comunidade que eu tinha estudado, exatamente como havia acontecido em outras comunidades estudadas em outras partes do mundo indiano de além-mar, eu tinha pouco em minhas anotações para sustentar isto como uma questão aproveitável. Por outro lado, o alcoolismo surgiu muito claramente como questão primordial. Minhas numerosas anotações de entrevistas e observações de encontros de AA que estavam espalhadas pelas categorias existentes foram retiradas e postas numa categoria à parte. Foi possível, assim, comparar e contrastar o alcoolismo com outros fatores como religião, família e relações econômicas e políticas. A origem destas categorias foi inicialmente "ética" por elas derivarem da literatura comparada sobre o contrato. Mas as modificações posteriores das categorias refletiram uma ênfase "êmica", por responderem àquilo que meus informantes haviam me demonstrado ser importante para eles.

No estudo da desospitalização, optei contra o uso de categorias previamente construídas com base na literatura existente já que grande parte desta literatura derivava de pesquisa de base clínica e/ou conduzida entre os profissionais que cuidavam das pessoas com deficiências mentais. Meu próprio estudo etnográfico sobre as pessoas produziria uma perspectiva um pouco diferente. Assim, ao longo de minha pesquisa eu mantive as minhas notas em forma de uma narrativa em andamento, algo como um diário (sem as reflexões pessoais, que reservei para um diário particular). Também guardei separadamente transcrições de cada entrevista. Tal formato seria obviamente inutilizável quando chegasse a hora de registrar por escrito minhas descobertas, então foi preciso fazer uma detalhada leitura panorâmica e depois definir as questões que se destacavam, a saber: a sexualidade; achar e manter um emprego; as relações com a família; as relações com amigos; as relações com profissionais; as visões de mundo (i. e., como eles se viam e interpretavam o lugar deles no "esquema mais amplo das coisas"). A origem destas categorias foi quase inteiramente "êmica", pois foi guiada em sua maior parte pelo que as pessoas me tinham dito.

APRESENTAÇÃO DOS DADOS

Com os dados organizados em categorias úteis, é possível resumi-los em forma de texto, tabela ou gráfico (ou alguma combinação desses formatos). Há várias formas de apresentação comumente utilizadas.

- "Tabela comparativa" ou *matriz*. Esta pode ser tão simples quanto uma tabela 2 X 2 que compara dois segmentos de uma população em termos de uma das categorias, por exemplo.

Indianos hindus	Membros do AA	Não membros do AA
Indianos muçulmanos	Membros do AA	Não membros do AA

- Neste caso as células seriam preenchidas tanto com texto descritivo quanto com números. Essa tabela tornou evidente (de um modo que era muito menos óbvio nas anotações cruas) que em nível numérico havia mais muçulmanos no AA do que seria de se esperar da simples demografia. Na população geral, os hindus representavam aproximadamente 80% da população indiana, enquanto os muçulmanos somavam aproximadamente 15%, sendo os demais cristãos convertidos. Mas 35% dos membros indianos do AA eram muçulmanos, enquanto os hindus chegavam a 60% e os demais eram cristãos. O texto acrescentado à tabela ajudou a explicar por que os muçulmanos eram relativamente mais atraídos ao AA. Em entrevistas, muitos deles comentaram o fato de terem sempre se considerado, enquanto subcomunidade dentro da grande população indiana, "mais progressistas" do que os hindus, e eles consideravam entrar para o AA como uma resposta "moderna" ao seu problema. Tais comentários não se destacavam até serem colocados nessa tabela comparativa em que os números indicaram um padrão inesperado, que o texto narrativo ajudou a explicar.

- *Árvore hierárquica*. Este diagrama mostra diferentes níveis de abstração. O topo da árvore representa a informação mais abstrata e a base a menos abstrata. Por exemplo, na explicação do sistema de contrato, o nível mais elevado de abstração refletia duas perspectivas de grande escala: a político-econômica (condições relativas à impotência das pessoas colonizadas e às privações específicas resultantes de décadas de servidão) e a psicológica (condições relativas à perda de tradicionais marcas de identidade cultural). Um nível intermediário refletia os tipos de estresse que são encontrados numa população transplantada, economicamente explorada, politicamente privada de direitos civis (p. ex., uma disparidade percebidta entre as aspirações do grupo e os recursos sociais disponíveis para a realização de tais aspirações). Na base estavam os dados específicos quanto às experiências dos indianos em Trinidad em cuja comunidade fiz minha observação participante.
- *Hipóteses ou proposições*. Estas não precisam ser formalmente testadas (como na pesquisa quantitativa), mas organizar os elementos temáticos dos dados num formato passível de elucidar as relações entre os modos como as variáveis relevantes. Por exemplo, sustentei que os homens adultos com retardo mental que têm laços familiares ativos estão mais aptos a completar os programas comunitários de reabilitação do que aqueles com laços mais tênues. Como eu obviamente não estava em posição de identificar, e menos ainda de examinar, qualquer coisa próxima de uma amostra estatisticamente representativa de homens adultos com retardo mental, tampouco era possível testar minha hipótese. Mas a simples enunciação desta hipótese serviu-me para organizar meus dados e entender as experiências de vida dos homens com quem consegui trabalhar.
- *Metáforas*. Metáforas são dispositivos literários, maneiras abreviadas de exprimir relações. (Gosto de pensar nelas como versões poéticas de hipóteses.) Por exemplo, um dos meus informates no AA usou a frase

"dentro é vida, fora é morte". Ele estava falando especificamente sobre o AA porque acreditava que se deixasse o grupo certamente voltaria a beber e isso o mataria, caso acontecesse. Mas também compreendi que ele refletia uma atitude generalizada entre os indianos, que encontravam segurança em sua própria comunidade e viam o mundo externo como uma ameaça política, econômica e cultural. Para os indianos, "dentro" incluía família, religião e empregos na indústria do açúcar bem como o AA, enquanto "fora" incluía o sistema político da Trinidad moderna, empregos na indústria de petróleo e formas hospitalares de reabilitação. A divisão metafórica do mundo de meu informante se mostrou uma forma muito útil de organizar os meus próprios dados, e finalmente acabei usando a frase "fora é morte" como título do livro que publiquei com base nessa pesquisa. Em um uso um pouco mais grosseiro de metáforas, um dos homens desospitalizados me disse, meio exasperado, "Minha vida é uma privada". Ele quis dizer que considerava um dejeto tudo o que já tinha feito. Poderia-se tomar o comentário como aparentemente nada mais que um lamento de frustração ou desespero. Mas também foi possível usá-lo como uma chave para desvelar todo um conjunto de dados observacionais e de entrevistas: Por que a vida era um dejeto? Ficou mais claro para mim, interrogando esta metáfora, que este homem e muitos dos seus compatriotas consideravam a vida um dejeto porque não eram realmente adultos (não eram "gente de verdade", como disseram muitas vezes). Eles não eram tidos como confiáveis para fazer as coisas que os adultos fazem (inclusive, sem sombra de dúvida, para expressar sua sexualidade) e então tudo o que faziam era por definição infantil e inútil.

Então podemos resumir a análise de processo como segue, começando pela fase da análise descritiva:

- Organize suas anotações, usando categorias consagradas na literatura especializada.
- Leia todas as anotações e modifique as categorias quando necessário.
- Faça a triagem dos dados nas novas categorias.
- Conte o número de lançamentos em cada categoria para fins de análise estatística (se a amostra for suficientemente grande para permiti-lo).
- Tente encontrar padrões em seu texto, recorrendo ao auxílio de vários formatos de apresentação.

Em seguida, podemos proceder à análise teórica:

- Considere os padrões à luz da bibliografia existente.

- Demonstre como as suas descobertas se relacionam às interpretações anteriores. (Os seus resultados podem confirmar o que já é conhecido e acrescentar novos exemplos a uma perspectiva estabelecida. Ou eles podem contrariar as expectativas e assim estimular futuras pesquisas. Qualquer uma dessas opções é um resultado legítimo e louvável; ver também Gibbs, 2007, para análise de dados qualitativos.)

NOTA SOBRE O USO DE COMPUTADORES NA ANÁLISE ETNOGRÁFICA DE DADOS

Em projetos de pesquisa de pequena escala, a quantidade de dados pode ser gerenciada manualmente, isto é, pode ser possível detectar padrões a olho nu. Mas os projetos que geram grande quantidade de dados certamente podem se beneficiar de algum dos vários *softwares* atualmente disponíveis para auxílio na análise de dados (ver Gibbs, 2007).

Os *softwares* mais importantes para a pesquisa são os processadores de textos. Programas como *Word* ou *Word Perfect* não servem apenas para a redação dos relatórios finais. Eles também permitem aos usuários criar arquivos baseados nos textos, assim como encontrar, mover, reproduzir e resgatar seções de tais textos. O processador de texto também é importante quando se trata de transcrever entrevistas, facilitar o acesso ao diário de campo e codificar o conteúdo para fins de indexação e recuperação.

O processador de texto é bem conhecido hoje em dia, mas há outros *softwares* que podem ajudar o etnógrafo. Localizadores de texto (p. ex., *Orbis*, *ZyINDEX*) foram criados para localizar cada ocorrência de uma palavra específica ou frase; eles também podem localizar combinações desses itens em múltiplos arquivos. Gerenciadores de texto (p. ex., *Tabletop*) refinam a função de recuperação de texto e possuem uma apurada capacidade de organizar dados textuais. Programas de codificação e resgate (*QUALPRO*, *Ethnograph*) auxiliam os pesquisadores a dividir textos em seções administráveis, que podem então ser classificadas. Construtores de teoria baseados em código (p. ex., *ATLAS/ti*, *NUD.IST*) vão além das funções de codificação e resgate e permitem o desenvolvimento de conexões teóricas entre conceitos codificados, resultando em classificações e conexões relativamente bem ordenadas. Construtores de redes conceituais (p. ex., *SemNet*) oferecem a capacidade de projetar redes gráficas nas quais as variáveis são dispostas como "nós" ligados uns aos outros através de setas ou linhas indicando relações. (Weitzman e Miles, 1995, descrevem estas funções de pesquisa baseadas em computador, embora devido à velocidade com que a tecnologia se desenvolve, é aconselhável que o leitor consulte *websites* atualizados contendo a informação mais recente sobre programas específicos; ver também Gibbs, 2007, para o uso de *software* para análise qualitativa.)

Prós da análise de dados computadorizada:

- O próprio programa de computador é uma forma de armazenamento organizado de dados, tornando muito mais fácil recuperá-los.
- A triagem e busca de texto é feita automaticamente em tempo bem menor do que seria consumido para fazer isto manualmente.
- O programa requer um exame cuidadoso (quase linha por linha) dos dados. Na leitura comum, é possível passar ligeiramente por eles, perdendo assim partes potencialmente importantes de informação.

Contras da análise de dados computadorizada:

- Pode haver grandes (e ineficazes em termos de tempo) dificuldades na aprendizagem de novos programas de *software*. E convenhamos, algumas pessoas ainda não se sentem à vontade com computadores.
- Embora eles funcionem melhor como auxílio aos meios manuais tradicionais de análise, os *softwares* tentam o pesquisador a deixá-los fazer todo o trabalho.
- Há muitos programas de análise de dados hoje disponíveis para o etnógrafo, mas eles não fazem todos as mesmas coisas. Pode-se gastar muito dinheiro adquirindo um programa e depois gastar muito tempo aprendendo como operá-lo, apenas para descobrir que ele não faz realmente o que você precisa que ele faça. Conheça bem os *softwares* antes de se comprometer com algum deles.

■ PONTOS-CHAVE

- Os fatos não falam por si mesmos. A análise de dados, portanto, é parte integrante da pesquisa.
- Há duas formas principais de análise de dados:
    √ descritiva (a busca de padrões)
    √ teórica (a busca de significado nos padrões).
- Os padrões podem ser identificados através de uma
    √ perspectiva êmica (como os informantes compreendem as coisas?)
    √ perspectiva "ética" (como o pesquisador pode vincular os dados sobre a comunidade estudada com casos similares conduzidos em outros lugares?).

- Os etnógrafos devem fazer uma constante verificação da validade de seus dados, o que significa deixar que as perspectivas de análise êmica e ética critiquem-se mutuamente.
- Embora não haja qualquer formato consensual para a análise de dados etnográficos, uma estruturação prática pode consistir de
    - √ gerenciamento de dados
    - √ leitura panorâmca
    - √ elucidação de categorias
        - descrição
        - classificação
- apresentação de dados:
    - √ matriz (tabela comparativa)
    - √ árvore hierárquica
    - √ hipóteses (proposições)
    - √ metáforas.
- O *software* de computador está hoje amplamente disponível para auxiliar o pesquisador etnográfico na análise de dados.

LEITURAS COMPLEMENTARES

Os seguintes livros fornecem mais informação sobre análise de dados qualitativos e etnográficos, especialmente no que se refere ao uso de computadores e *softwares* para tal finalidade:

Babbie, E. (1986) Observing Ourselves: *Essays in Social Research*. Prospect Heights, IL: Waveland.

Gibbs, G.R. (2007) *Analyzing Qualitative Data* (Book 6 of The SAGE Qualitative Research Kit). London: Sage. Publicado pela Artmed Editora sob o título *Análise de dados qualitativos*.

LeCompte, M.D. and Schensul, J.J. (1999) *Designing and Conducting Ethnographic Research*. (Vol. I of J.J. Schensul, S.L. Schensul and M.D. LeCompte, (eds), *Ethnographer's ToolKit*). Walnut Creek, CA: AltaMira.

Weitzman, E.A. and Miles, M.B. (1995) *Computer Programs for Qualitative Data Analysis*. Thousand Oaks, CA: Sage.

7

ESTRATÉGIAS DE APRESENTAÇÃO DE DADOS ETNOGRÁFICOS

Objetivos do capítulo

Após a leitura deste capítulo, você deverá:

- conhecer algumas maneiras pelas quais os etnógrafos podem transmitir seus resultados ao público;
- ver que agora as monografias científicas padrão muitas vezes são complementadas por formas de "etnografia alternativa";
- ter conhecimento de apresentações de dados etnográficos em outras formas além da escrita.

A coleta de dados na pesquisa etnográfica produz uma grande quantidade de "fatos" que, como vimos, não falam por si. Eles devem ser analisados para que o seu sentido fique claro. Por esta razão dissemos que a análise de dados é uma parte integrante da pesquisa.

Podemos levar esta lógica mais adiante. Não parece fazer muito sentido coletar dados e depois analisá-los para que deles emerjam modelos nítidos para o pesquisador, se essas conclusões não forem comunicadas a alguma audiência. Pode ser que se tenha uma espécie de prazer fazendo pesquisa exclusivamente para fins de edificação pessoal, mas na maioria das vezes os pesquisadores – inclusive, com toda certeza, os etnógrafos – fazem pesquisa para poder participar de um diálogo em curso com outros estudiosos, e muitas vezes com audiências não acadêmicas.

É geralmente presumido que a única maneira certa de apresentar dados etnográficos a um público interessado é na forma tradicional do texto acadêmico – o livro ou a monografia, o artigo para a revista científica, a comunicação a ser lida em algum encontro de associação profissional. Portanto, vamos considerar neste capítulo algumas normas acadêmicas que se aplicam à produção do texto etnográfico. Mas examinaremos também as novas opções disponíveis ao pesquisador etnográfico – formas alternativas de apresentar seus dados para se comunicar com um público cada vez mais amplo.

APRESENTAÇÃO DE DADOS ETNOGRÁFICOS NA FORMA ACADÊMICA TRADICIONAL

Os textos científicos de qualquer extensão incluem normalmente vários elementos-chave apresentados numa ordem convencional. (Berg, 2004, p. 299-317, oferece uma exposição muito clara dos princípios de redação acadêmica de um *paper* etnográfico; ver também Creswell, 1994, p. 193-208.)

- O título é uma descrição direta da matéria tratada no relatório; ele não deve ser demasiadamente "sutil" ou "engenhoso", embora um relatório etnográfico possa usar no título uma citação brilhante de alguém na comunidade estudada.
- O resumo é uma breve (100-200 palavras) visão geral da pesquisa que mostra os resultados mais importantes, menciona os métodos pelos quais os dados foram coletados e analisados e termina com uma frase sobre a importância do trabalho. Há pouca ou nenhuma explicação ou detalhe ilustrativo no resumo (o que num livro pode ser substituído por um prefácio relativamente mais extenso e detalhado).
- A introdução orienta o leitor/ouvinte para o estudo; ela inclui uma explicação (às vezes acompanhada de uma justificação) das principais questões da pesquisa assim como uma visão geral dos assuntos a serem discutidos.
- A revisão bibliográfica examina criticamente as publicações para a pesquisa (substantiva, metodológica e teoricamente); dá-se ênfase

especial aos estudos que têm relação direta com o trabalho em questão. A revisão bibliográfica é geralmente também onde o autor explica e justifica o seu próprio quadro teórico.
- A metodologia descreve os procedimentos do autor para a coleta e análise de dados. O contexto da pesquisa pode também ser descrito em certo detalhe; esta questão é especialmente importante na pesquisa etnográfica, pois as características do contexto serão diretamente relevantes para o que se narra na etnografia.
- O relatório final liga o estudo realizado às questões de pesquisa apresentadas na introdução e aos assuntos destacados na revisão bibliográfica.
- A conclusão resume as principais descobertas, relaciona a pesquisa à bibliografia existente e sugere caminhos para futuras pesquisas.
- Referências, notas, apêndices são explicações adicionais ao texto principal. Dependendo da preferência dos editores de revistas ou livros, as notas podem fazer parte do texto, ser colocadas ao pé da página, ou ser agrupadas no fim de um capítulo (ou de todo o livro). Em todo o caso, as notas nunca devem transmitir material substantivo que pode também ser colocado no texto; todo o material citado deve constar nas referências (embora possa haver uma seção separada de "trabalhos não citados mas consultados pelo pesquisador" com a aprovação do editor) e devem seguir as normas da revista ou da editora. Os apêndices podem incluir diagramas ou tabelas, cópias de documentos originais, fotos, ou qualquer outro material que apoie os elementos principais do texto.

OUTROS TIPOS DE ESCRITA ETNOGRÁFICA

Embora a etnografia seja uma ciência, ela é muito diferente das ciências "duras" (que são baseadas em um modelo de pesquisa experimental e buscam uma objetividade rigorosa através da análise de dados quantitativos). Afinal de contas, os etnógrafos quase sempre são observadores participantes nas vidas das pessoas que eles estudam, trazendo ao trabalho um grau de subjetividade que seria considerado impróprio em ciências como química e física. O estilo tradicional do texto científico foi sempre uma espécie de camisa-de-força para o etnógrafo que está, afinal, tentando mostrar as experiências vividas por pessoas reais. Livrando-se aos poucos das restrições rigorosas do texto científico, os etnógrafos experimentaram nos últimos anos várias formas de escrita etnográfica "alternativa", empregando em maior ou menor grau diferentes formas literárias e artísticas a fim de encontrar um modo mais expressivo de representar as experiências vividas pelas pessoas que eles estudam. Há um número crescente de relatos etnográficos que tomam a forma ("reflexiva") de narrativas pessoais (i. e., o diário privado tomando uma forma pública), contos, romances, poemas ou peças teatrais. Esses trabalhos influenciados pela literatura se encaixam em várias grandes categorias (às vezes chamadas de "narrativas"). (van Maanen, 1988, é a referência padrão para a discussão de "narrativas" etnográficas. Ver também Sparkes, 2002, para uma interessante visão alternativa deste mesmo material.)

- *Narrativas realistas* são caracterizadas por longas citações de informantes, cuidadosamente editadas com o objetivo de ajudar o leitor a "ouvir" as vozes reais das pessoas cujas vidas estão sendo descritas. As narrativas realistas demonstram uma marcante ausência do autor, que desaparece por trás das palavras, ações e (supostos) pensamentos das pessoas que ele ou ela estudou. A narrativa realista tem longas e profundas raízes na representação etnográfica, sendo o trabalho de Malinowski (1922) nas Ilhas Trobriand o exemplo clássico. Nas narrativas realistas, o pesquisador precisa ser um "tradutor sóbrio, educado, legal, seco, sério e dedicado do mundo estudado" (van Maanen, 1988, p. 55).
- *Narrativas confessionais* são aquelas em que o pesquisador entra em cena e torna-se um marcante personagem da etnografia. A condução da observação participante é narrada lado a lado com a descrição da comunidade estudada. As narrativas confessionais raramente se sustentam sozinhas; em vez disso, trechos confessionais são geralmente inseridos em narrativas realistas convencionais. Os manuais que discutem o modo de realizar pesquisa etnográfica estão frequentemente repletos de narrativas confessionais, pois os autores costumam usar sua própria experiência de trabalho de campo como exemplo (Agar, 1980).
- *Autoetnografia,* ou a "narrativa do self", é uma forma literária híbrida em que o pesquisador usa a sua própria experiência pessoal como base de análise. As autoetnografias são caracterizadas por evocação dramática, poderosas metáforas, personagens intensos, frases incomuns e a retenção da interpretação para convidar o leitor a reviver as emoções experimentadas pelo autor. Ellis (1995), por exemplo, escreveu uma longa narrativa sobre a morte de um ente querido e de como lidou com o fato de ter sido ela quem cuidou dele. Os detalhes são muito específicos, mas o estilo narrativo de Ellis liga cuidadosamente essas especificidades aos temas gerais de perda, vida e morte na nossa sociedade. (Ver Ellis e Bochner, 1996, p. 49-200, para uma discussão e outros exemplos de casos de descrições autoetnográficas.)

- *Descrições poéticas* são formas de expressão típicas da comunidade estudada que são empregadas para dar ao leitor uma ideia de como aquela gente "vê" o mundo à sua volta. Por exemplo, Richardson (1992) fez um poema de cinco páginas sobre a vida de uma mulher solteira, cristã, pobre, de uma família rural do Sul dos Estados Unidos. O poema foi baseado na transcrição de trinta e seis páginas de uma entrevista e foi composto com cuidadosa atenção à voz, ao tom, aos ritmos e à dicção de uma pessoa da época, do lugar e da condição social daquela senhora. Além disso, o poema usou apenas as próprias palavras da mulher.
- *Etnodrama* é a transformação de dados etnográficos em peças teatrais ou espetáculos que podem incluir dança, mímica, ou outras formas perfomáticas de expressão. Mienczakowski (1996), por exemplo, procurou melhorar a compreensão comunitária das questões de saúde mental e dependência química por meio de duas peças teatrais baseadas em sua pesquisa etnográfica. As peças foram apresentadas em locais escolhidos para poder atingir o máximo possível seu público alvo. O elenco incluía trabalhadores da área da saúde e estudantes de teatro.
- *Ficção* é qualquer forma literária em que o contexto e as pessoas nele estudadas são representados ficcionalmente (p. ex., o uso de personagens compósitos, a colocação de personagens em eventos hipotéticos, atribuição de monólogos interiores elucidativos a certas pessoas quando o pesquisador não teria nenhuma possibilidade de ouvir as narrativas originais). Às vezes a ficção é empregada por razões éticas (para melhor salvaguardar a identidade de pessoas que poderiam ser prejudicadas se fossem imediatamente identificadas em um texto convencional "objetivo"), ou para aprimorar a conexão entre experiências da comunidade estudada e preocupações mais universais. Meu próprio relatório de pesquisa entre adultos mentalmente retardados (Angrosino, 1998) é um exemplo de representação de dados etnográficos para a forma de contos. (Ver Banks e Banks, 1998, para uma discussão crítica detalhada da teoria e do método de representação ficcional; este volume também contém vários exemplos de relatos etnográficos traduzidos em termos ficcionais.) À luz de várias controvérsias recentes que ganharam manchetes nos jornais, é preciso enfatizar que quando falamos de representação ficcional de dados etnográficos, isto não significa que estamos falando de inventar coisas e de disfarçá-las como fatos. Representação ficcional refere-se apenas ao uso das técnicas de ficção literária, em vez das convenções da prosa acadêmica, para contar uma história; é consensual que os trabalhos que fazem uso da ficção etnográfica explicitem claramente esse uso.

É preciso ficar claro que essas várias formas de redação etnográfica alternativa têm o potencial de alcançar audiências muito além da comunidade acadêmica. (Ver Richardson, 1990, talvez a discussão mais frequentemente citada desta questão.) Neste caso, as resenhas literárias ou as explicações de teoria e metodologia podem ser menos rigorosas do que aquelas a que estamos acostumados. Mas, por outro lado, essas alternativas são capazes de atingir e mobilizar pessoas, mostrando-lhes as experiências dos outros de formas que nunca seriam possíveis numa monografia científica padrão, que só é lida, afinal de contas, por outros cientistas iniciados.

✓ ALÉM DA PALAVRA ESCRITA

O filme documentário é considerado há muito tempo como um modo válido de apresentar dados etnográficos, embora a produção de um filme exija habilidades altamente especializadas raramente dominadas por pesquisadores em ciências sociais. Esta situação pode mudar, agora que os aparelhos de gravação de vídeo se tornaram elementos tão comuns na nossa paisagem tecnológica. Os etnógrafos podem também pensar em filmes ficcionais expressivos somados a documentários objetivos, como fizeram os autores da chamada etnografia "alternativa" ao aprender a usar a poesia ou outros recursos literários para ir além das imagens típicas, às vezes assépticas, do texto científico. (Ver Heider, 1976, uma introdução relativamente antiga, mas ainda altamente respeitada, ao uso do filme na pesquisa etnográfica.)

Neste mesmo sentido, a popularidade crescente da câmara fotográfica digital possibilitou não apenas a produção de imagens de alta qualidade mas também a disseminação delas de forma muito mais ampla do que se poderia imaginar. O envio tanto de texto como de imagens pela Internet é agora uma real possibilidade para os etnógrafos. Como aconteceu antes com o filme, tais apresentações através da Internet ainda são geralmente consideradas complementares à publicação acadêmica, embora esta situação possa também mudar na medida em que um número cada vez maior de pessoas passa a ter acesso à rede e parece preferi-la entre todos os outros meios da comunicação (ver Bird, 2003). O museu ou outras exposições/exibições visuais são outro modo de apresentar dados etnográficos em um formato vívido e muito atraente (ver Nanda, 2002).

A descrição detalhada de como executar essas formas não escritas de representação etnográfica está além do escopo deste livro, mas é preciso que você considere a potencialidade delas para a sua própria pesquisa. É ainda uma boa ideia primeiro adquirir destreza na sólida e tradicional redação científica. Mas permita-se depois tentar – e realizar – algo mais criativo.

PONTOS-CHAVE

- Dados etnográficos que são coletados e analisados devem logicamente ser representados de modo a transmitir informação para um determinado público.
- A forma de apresentação padrão é a do texto acadêmico (livro/monografia, artigo para revista científica, comunicação lida em encontros profissionais). Ela geralmente consiste de:
    - √ título
    - √ resumo
    - √ introdução
    - √ revisão bibliográfica
    - √ metodologia
    - √ relatório final
    - √ conclusão
    - √ referências, notas, apêndices.
- Dados etnográficos também podem ser apresentados em formas alternativas de texto, incluindo
    - √ narrativas realistas
    - √ narrativas confessionais
    - √ autoetnografia
    - √ descrições poéticas
    - √ etnodrama
    - √ ficção.
- Formas não escritas de apresentação incluem
    - √ filmes documentários
    - √ filmes ficcionais
    - √ textos e imagens postados na Internet
    - √ exposições visuais em museus e outras.

LEITURAS COMPLEMENTARES

Os seguintes livros discutem com mais detalhes a escrita etnográfica e seus resultados:

Banks, A e Banks, S.P. (eds) (1998) *Fiction and Social Research*: By Ice or Fire. Walnut Creek, CA: AltaMira.

Ellis, C. e Bochner, A.P. (eds) (1996) *Composing Ethnography: Alternative Forms of Qualitative Writing*. Walnut Creek, CA: AltaMira.

Richardson, L. (1990) *Writing Strategies: Reaching Diverse Audiences*. Newbury Park, CA: Sage.

8
QUESTÕES DE ÉTICA NA PESQUISA

Objetivos do capítulo

Após a leitura deste capítulo, você deverá:
- compreender a ética na realização do trabalho de campo;
- saber quais são os critérios de ética na pesquisa atualmente vigentes para todos os cientistas sociais;
- conhecer as questões especiais relacionadas à observação participante.

A pesquisa etnográfica com a observação participante envolve necessariamente a interação direta dos pesquisadores com as pessoas que eles estudam. Esta interação tão próxima pode criar situações nas quais os membros da população estudada são inadvertidamente prejudicados. Por esta razão, os pesquisadores contemporâneos se preocupam muito com a conduta ética correta na pesquisa. Não é aceitável discutir a coleta de dados no contexto etnográfico sem discutir também a dimensão ética dessa pesquisa.

■ NÍVEIS DE CONSIDERAÇÕES ÉTICAS RELEVANTES PARA A PESQUISA

Há três níveis nos quais as considerações éticas afetam a condução da pesquisa:

- Os critérios oficiais são os decretados pelo governo. Eles vigoram na maioria das universidades e institutos de pesquisa.
- Os códigos de ética são os promulgados por associações profissionais às quais os pesquisadores pertencem. Por exemplo, a Associação Americana de Antropologia (AAA) determina que

> *Ao propor e também ao fazer nossa pesquisa, os pesquisadores em antropologia devem ser transparentes quanto aos propósitos, possíveis impactos e fontes de apoio dos projetos de pesquisa junto a financiadores, colegas, pessoas estudadas ou informantes, e partes interessadas afetadas pela pesquisa. Os pesquisadores devem esperar utilizar os resultados do seu trabalho de modo adequado e divulgar os resultados através de atividades corretas e oportunas. A pesquisa que satisfaz estas espectativas é ética, independentemente da fonte financiadora (pública ou privada) ou da finalidade (i.e., "aplicada", "básica", ou "proprietária").*

Em seguida, a AAA estipula que a responsabilidade primordial dos pesquisadores é para com as pessoas com as quais eles trabalham e cujas vidas e culturas eles estudam; as responsabilidades acadêmicas e com a comunidade científica e o público em geral, embora importantes, são secundárias em relação às primeiras (ver Rynkiewich e Spradley, 1981).

- Nossos próprios valores pessoais nos guiam quando tentamos lidar de maneira justa e humana com outras pessoas. Os valores pessoais podem ser o produto de nossas tradições religiosas, do consenso entre nossos pares, de nossas próprias reflexões sobre problemas que nos preocupam, ou de alguma combinação de todos esses fatores. (Ver Elliott e Stern, 1997, para uma discussão mais completa da ética de pesquisa.)

ESTRUTURAS INSTITUCIONAIS

A pesquisa social é regida (nos Estados Unidos) pela estrutura dos comitês de ética na pesquisa (IRBs, de *Institutional Review Boards*; ver também Flick, 2007b, cap. 9), que surgiram a partir da década de 1960 com as regulamentações federais exigindo o consentimento informado de todas as pessoas que participavam de pesquisa com financiamento federal. Esses participantes, no linguajar regulatório, são chamados de sujeitos humanos.

A proteção dos "sujeitos humanos" começou a ser discutida em função do número de projetos de pesquisa nos quais as experiências (geralmente de natureza biomédica ou então clínica) causavam lesões ou mesmo a morte de participantes. A fim de salvar os sujeitos dos efeitos negativos de procedimentos "intrusivos" de pesquisa, a participação na pesquisa tornou-se uma escolha que ficava sob o controle dos possíveis sujeitos. E, para que fizessem uma escolha racional, eles tinham de ser previamente informados sobre a natureza do projeto e as implicações exatas de sua participação.

Proteger sujeitos humanos de pesquisa refere-se não apenas a salvá-los de danos físicos ou psicológicos. Refere-se também a proteger sua privacidade e manter o sigilo de todos os dados de pesquisa que possam identificá-los. Como nem sempre podemos presumir que sabemos o que os possíveis sujeitos da pesquisa consideram ser ou não assuntos privados, sobre os quais eles não querem que ninguém fora do contexto da pesquisa saiba nada a respeito, precisamos ser muito cuidadosos explicando-lhes de que maneiras manteremos a informação fora de circulação. E temos de aprender a ouvi-los quando nos dizem o que é ou não é aceitável para eles, pessoal ou coletivamente, em nome da sua comunidade.

Um procedimento comum é usar códigos (números ou pseudônimos) ao descrever as pessoas em diários de campo e em qualquer relatório gerado pela pesquisa. O pesquisador pode também querer especificar que as anotações serão mantidas em um lugar seguro ou que serão destruídas depois de terminado o projeto. As cópias de registros de pesquisa (p. ex., fitas e/ou transcrições de entrevistas) podem ser repassadas ao informante para aprovação antes da publicação de qualquer produto baseado nesses registros.

Mas, ao contrário dos membros do clero, dos médicos ou advogados, os etnógrafos não gozam de um privilégio automático do sigilo. Se formos pressionados, nossas promessas aos nossos informantes não suportarão o peso de uma ordem judicial. Assim como os jornalistas que protegem suas fontes, temos sempre a opção de recusar a falar em juízo e arcar com as consequências desta recusa. Mas nem todos estão preparados para levar este alto padrão moral às sua conclusões lógicas.

A criação de um direito de consentimento informado levou ao estabelecimento dos comitês de ética para fiscalizar e garantir seu cumprimento em todas as instituições que recebem verbas federais. Nenhum pesquisador se colocaria seriamente contra tal direito (ou contra os mecanismos para apoiá-lo), mas os cientistas sociais demonstram uma preocupação cada vez maior com a tendência dos comitês de ética de estender o seu domínio sobre todas as formas de pesquisa. Embora a pesquisa de cientistas sociais tenha menos risco de causar danos do que a pesquisa biomédica, ela certamente tem o potencial de prejudicar os sujeitos que não foram corretamente informados. Mas no entender de muitos cientistas sociais, os comitês de ética demoraram a reconhecer a diferença sutil entre a pesquisa "intrusiva" do tipo clínico/biomédico e a do tipo etnográfico.

Na década de 1980, o governo federal permitiu que os cientistas sociais pedissem isenção das avaliações a menos que estivessem trabalhando com membros de determinadas populações vulneráveis, inclusive crianças, portadores de deficiências, prisioneiros e idosos. Como tais pessoas têm, por vários motivos, menos probabilidade de compreender os procedimentos e objetivos da pesquisa social, elas têm mais probabilidade de não tomar uma decisão verdadeiramente informada de participar, a menos que se tomem cuidados especiais. Em todo caso, os advogados legais de várias universidades (inclusive aquela em que este autor trabalha) recomendaram que os comitês de ética não concedessem esta isenção quase generalizada. De fato, na minha universidade, todas as propostas têm de ser avaliadas pelo comitê de ética, mesmo aquelas que satisfazem os critérios federais de isenção, embora lhes possa ser facultada uma avaliação "sumária". Até mesmo as propostas que pareçam ser indiscutivelmente isentas (p. ex., estudos baseados em entrevistas publicadas com políticos eleitos sobre questões de políticas públicas) precisam passar pelo crivo do comitê de ética. É irônico que um outro tipo de pesquisa com direito a isenção – a chamada "não participante" ou "não intrusiva", já discutida – seja exatamente a que traz mais problemas éticos para o pesquisador, por presumir que as pessoas estudadas não devem de forma alguma saber o que está acontecendo.

Minha universidade tem hoje dois comitês de ética, um para pesquisa biomédica e outro para "pesquisa comportamental". Este último, no entanto, é composto por pesquisadores mais familiarizados com formas experimentais de pesquisa social do que com etnografia e observação participante, e eles ainda não estão totalmente sensibilizados para o *modus operandi* dos etnógrafos que fazem pesquisa de campo. Por exemplo, o pesquisador experimental trabalha a partir de rigorosos protocolos de pesquisa, com todas as questões previamente formuladas e todos os procedimentos de observação altamente estruturados. Se bem que os etnógrafos possam usar métodos semelhantes em campo, eles também utilizam métodos que não podem ser completamente explicados de antemão. As coisas que acontecem no decorrer da observação participante nem sempre podem ser previstas com clareza, e as entrevistas informais e improvisadas são tão comuns quanto as altamente estruturadas. Tais contingências tornam muito difícil para os etnógrafos produzir o tipo de projeto de pesquisa que satisfaça o compreensível desejo dos comitês de ética de ter todas as áreas de interesse claramente delineadas e avaliadas antes de a pesquisa ser autorizada.

Em função disso, até para a pesquisa "comportamental" o comitê de ética exige a formulação de uma hipótese a ser testada e um "protocolo experimental". Além disso, das centenas de páginas do guia federal para comitê de ética, só onze parágrafos são dedicados à pesquisa comportamental. Agora todos os principais investigadores com projetos avaliados por comitês de ética são obrigados a receber educação continuada a respeito de normas federais de ética na pesquisa. É possível fazer isso pela Internet, mas no último ano letivo todas as opções de cursos situavam-se na pesquisa em saúde pública. (Ver Fluehr-Lobban, 2003, para uma discussão mais completa de ética e da função de um comitê de ética e também Flick, 2007b, cap. 9.)

Em uma guinada recente bastante espantosa, a Associação de História Oral (*Oral History Association*) decidiu definir o trabalho de seus membros como "não pesquisa" a fim de não ter mais nada a ver com o comitê de ética. Para eles "pesquisa" baseia-se em projeto experimental, teste de hipótese e análise quantitativa. Portanto, história oral (e, por extensão, a maior parte da pesquisa etnográfica) não é "pesquisa", e sim algo mais próximo do que se faz em artes e literatura. Os etnógrafos não evitam de forma alguma se associar com a literatura e as artes, mas a maioria deles rejeitaria a noção de que, por isso, o que eles fazem não é pesquisa. Esta questão não tinha sido satisfatoriamente resolvida quando este trabalho foi escrito. Por enquanto, então, é importante que todos aqueles que pretendem fazer pesquisa etnográfica se familiarizem com as normas de ética na pesquisa, presumindo que seus projetos tenham direito a uma avaliação "sumária", mas que não sejam – e não deveriam ser – "isentos" de avaliação.

A DIMENSÃO PESSOAL DA ÉTICA NA PESQUISA

Mesmo que um etnógrafo siga cuidadosamente o roteiro institucional de conduta ética, há várias situações características da etnografia (especialmente a que prioriza a observação participante) em que ele se defronta com desafios éticos.

Precisamos, por exemplo, considerar o rótulo incluído na política federal: sujeitos humanos. O termo certamente tem conotações clínicas e impessoais que são inapropriadas para a etnografia em geral. Ele tem também algumas conotações políticas, refletindo uma visão hierárquica do processo de pesquisa. Pode ser que em algum momento o pesquisador esteve na posição de manipular a pesquisa para seus propósitos pessoais. Até certo ponto, isto ainda pode ser verdadeiro para as ciências naturais, mas, de modo geral, isso raramente ocorreu na etnografia, e é ainda menos provável que venha a acontecer hoje em dia. Os etnógrafos tendem cada vez mais a considerar seus informantes como "parceiros" de pesquisa ou "colaboradores" em vez de "objetos".

Os etnógrafos, afinal, desenvolvem sua pesquisa na medida em que avançam. A pesquisa nasce e cresce do relacionamento que eles cultivam com seus informantes. Em um sentido muito especial, a pesquisa etnográfica é um diálogo entre o pesquisador e a comunidade estudada. Embora ele possa ter a habilidade necessária para coletar e analisar os dados, sua dependência da cooperação e boa vontade dos informantes para concluir a pesquisa é quase total. O "consentimento informado" dessas pessoas significa bem mais do que simplesmente entender o que o pesquisador quer fazer "para" elas; é preciso que os informantes compreendam como o seu próprio *feedback* se tornará parte do plano que o pesquisador pode fazer "junto com" eles.

Os novos contextos de pesquisa criados pelo aparecimento dos comitês de ética não fez senão ampliar o desafio desde sempre presente para os etnógrafos, a saber:

> *Como alcançar um equilíbrio adequado entre o intenso relacionamento com os informantes como parte integrante da estratégia da observação participante e a necessidade de manter um certo grau de objetividade acadêmica requerida para apresentar uma análise equilibrada e persuasiva da comunidade estudada?*

Não há nenhuma resposta simples ou uniforme para esta questão, que é basicamente um problema de situação e contexto.

Por exemplo, em Trinidad morei na casa de uma família e fui tratado como parte daquela unidade familiar. Minha identificação com uma família respeitada na comunidade abriu-me as portas de outras residências e locais de trabalho. Mas ficou sempre muito claro que eu não era indiano, não era trinitário e, vis-à-vis o grupo AA, não era tampouco um alcoolista. Eu era obviamente um *outsider* em termos de raça, etnicidade, experiência educacional, religião, e assim por diante. Na verdade eu era um *outsider* simpático, capaz de estabelecer uma boa relação de trabalho com as pessoas na comunidade. Mas meu *status* de alguém cujo objetivo principal era "escrever um livro" (que era como elas entendiam os meus objetivos acadêmicos) nunca foi questionado, e nem a minha necessidade de manter um certo distanciamento para ver o "quadro geral".

Em termos formais, eu não era menos *outsider* para a comunidade de adultos com retardo mental, mas os homens naquele grupo nem sempre eram capazes de distinguir minha condição de amigo da minha condição de alguém que estava estudando suas vidas. Eu não podia manter o distanciamento que era reconhecido e respeitado em Trinidad. Na verdade, uma das principais razões de minha opção por escrever meu livro sobre este projeto na forma de narrativa ficcional foi não ter podido assumir a fria objetividade acadêmica esperada numa monografia normal, mas isto encobriria o grau em que minha amizade com aqueles homens moldou tanto a minha análise quanto o meu modo de ver o seu mundo.

Em vez de menos urgente, essas considerações tornam mais imperioso o cuidado que os etnógrafos devem ter com a ética de relação implicada pelo processo de consentimento informado. Mas as interações humanas se situam sempre em algum contexto; é difícil sintetizá-las em "códigos" objetivos, de aplicação universal (ver Punch, 1986).

CONCLUSÃO

Uma parte importante do instrumental de todo pesquisador bem preparado para a pesquisa de campo deve ser a sua capacidade de discernir claramente os seus próprios valores numa relação de respeito para com os outros, e de articular esses valores de modo que os potenciais "colaboradores" da pesquisa possam efetivamente tomar uma decisão razoavelmente bem informada sobre se querem participar ou não de uma pesquisa.

PONTOS-CHAVE

- A etnografia envolve uma interação muito estreita entre os pesquisadores e as pessoas que eles estudam. Os princípios éticos que orientam as relações interpessoais devem, portanto, ser uma parte integrante da pesquisa para todos os que fazem observação participante/pesquisa de campo.

- As definições de pesquisa ética são regidas por
  - √ normas federais fiscalizadas por comitês de ética na pesquisa
  - √ valores pessoais.
- As normas federais visam obter o consentimento informado de todos os sujeitos humanos envolvidos na pesquisa, protegendo a privacidade e o sigilo de suas informações.
  - √ A pesquisa etnográfica, ao contrário da pesquisa médica, pode isentar-se (ou receber avaliação sumária) de um comitê de ética a menos que lide com uma população vulnerável.
- No âmbito pessoal, há uma tendência de abandonar a ideia de considerar os participantes de estudo como objetos, passando-se a considerá-los parceiros ou colaboradores no processo de pesquisa.

LEITURAS COMPLEMENTARES

As considerações éticas são discutidas mais detalhadamente nos livros abaixo:

Elliott, D. e Stern, J.E. (eds) (1997) *Research Ethics*: A Reader. Hanover, NH: University Press of New England.

Flick, U. (2007b) *Managing Qualitative Research* (Book 8 of *The SAGE Qualitative Research Kit*). London: Sage. Publicado pela Artmed Editora sob o título *Qualidade na pesquisa qualitativa*.

Fluehr-Lobban, C. (ed.) (2003) *Ethics and the Profession of Anthropology: Dialogue for Ethically Conscious Practice* (2nd ed.). Walnut Creek, CA: AltaMira.

Punch, M. (1986) *The Politics and Ethics of Fieldwork*. Beverly Hills, CA: Sage.

Rynkiewich, M.A. e Spradley, J.P. (1981) *Ethics and Anthropology: Dilemmas in Fieldwork*. Malabar, FL: Krieger.

9

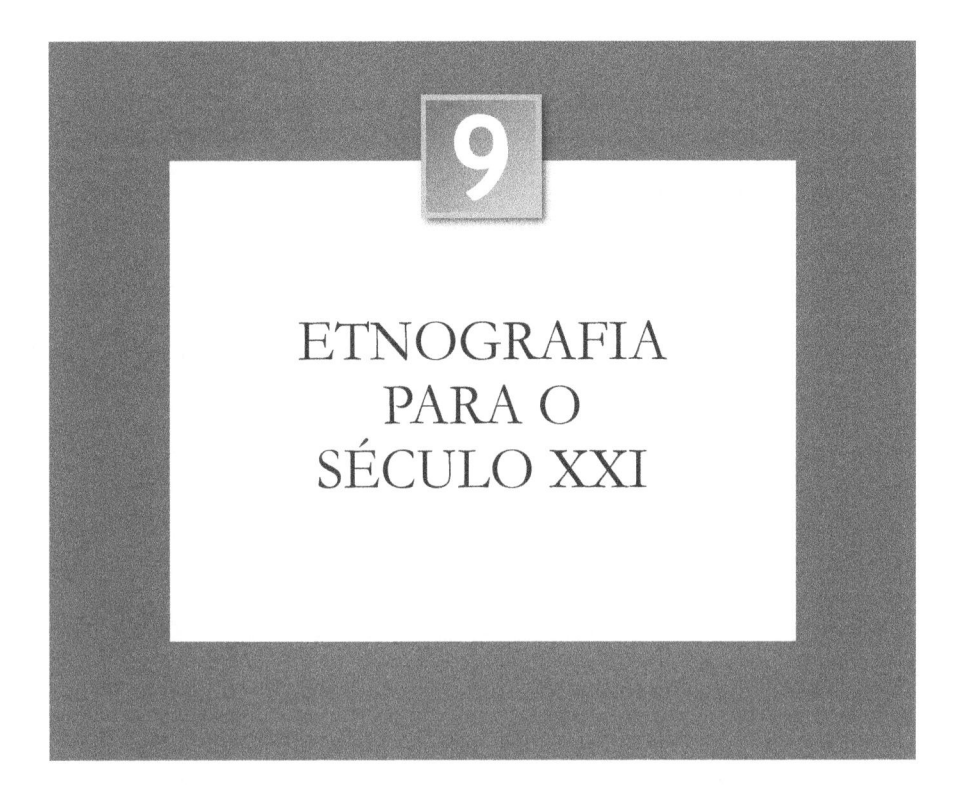

ETNOGRAFIA PARA O SÉCULO XXI

Objetivos do capítulo

Após a leitura deste capítulo, você deverá:

- saber o que mudou na realização do trabalho de campo;
- compreender como isto é uma consequência das transformações tanto no mundo "real" quanto no mundo "virtual" da tecnologia, das comunicações e do transporte modernos.

A maior parte das técnicas de pesquisa discutidas neste livro foram desenvolvidos há mais de 100 anos para a pesquisa em sociedades tradicionais, homogêneas e de pequena escala. Eles ainda são, sem a menor dúvida, peças úteis e importantes da nossa caixa de ferramentas. Mas seu contexto de uso mudou radicalmente.

A MUDANÇA NO CONTEXTO DE PESQUISA: TECNOLOGIA

Houve um tempo em que a observação participante envolvia um pesquisador solitário trabalhando em uma comunidade isolada, munido apenas de caneta e bloco de notas e, às vezes, um bloco de desenho e uma simples câmera fotográfica. Os mecanismos de investigação foram revitalizados pela introdução de gravadores de som, filmadoras e, mais tarde, câmeras de vídeo. A dinâmica de pesquisa foi transformada pelo advento dos computadores *laptop* e dos *softwares* para análise de dados qualitativos.

Mas, com o aumento de nossa sofisticação tecnológica, os etnógrafos começaram a se dar conta de que a tecnologia nos ajuda a capturar e reordenar a "realidade" de maneiras um tanto variáveis em relação à nossa experiência vivida como pesquisadores de campo. O grande valor da observação participante resulta da oportunidade que temos de fazer uma imersão na constante flutuação e nas ambiguidades da vida tal como ela é vivida por gente de verdade, em circunstâncias reais. Quanto mais ajustamos este ou aquele instantâneo dessas vivências e quanto mais capacidade temos de disseminar de maneira global e instantânea esta ou aquela imagem, mais nos arriscamos a destruir nossa compreensão daquilo que torna a vida real tão especial e infinitamente fascinante.

Talvez seja necessário dirigir nosso poder de observação para o próprio processo de observação, para entendermos a nós mesmos enquanto usuários de tecnologia. A mudança tecnológica nunca é um mero acréscimo, ou seja, nunca é simplesmente uma ajuda para fazer o que sempre foi feito. Mais do que isso, ela é ecológica no sentido de que a mudança em um aspecto do comportamento tem ramificações por todo o sistema do qual este comportamento é uma parte. Assim, quanto mais sofisticada for a nossa tecnologia, mais modificamos a nossa maneira de trabalhar. Precisamos começar a compreender não apenas o que acontece quando "nós" encontramos "eles", mas quando "nós" fazemos isto com um tipo particular e poderoso de tecnologia. (Ver Nardi e O'Day, 1999, para um desenvolvimento dessas questões.)

A MUDANÇA NO CONTEXTO DE PESQUISA: GLOBALIZAÇÃO

Globalização é o processo pelo qual o capital, os bens, os serviços, a mão-de-obra, as ideias e outras formas culturais movimentam-se livremente através de fronteiras internacionais. Atualmente, comunidades que viviam em certo grau de isolamento foram atraídas para relacionamentos interdependentes que se estendem mundo afora.

A globalização foi facilitada pelo crescimento da tecnologia da informação. As notícias de todos os cantos do mundo estão instantaneamente disponíveis. Se antes podíamos supor que os comportamentos e ideias que observávamos ou questionávamos em uma determinada comunidade eram nativos daquela comunidade, agora precisamos perguntar literalmente de que parte do mundo eles podem ter vindo.

As comunidades não estão mais necessariamente fixas em um lugar, e as influências tradicionais de geografia, topografia, clima, etc., são muito menos estáveis do que no passado. Muitos trinitários, por exemplo, agora são transnacionais, inclusive os membros da rebelde e isolada comunidade indiana. Até bem recentemente as pessoas imigravam para a Inglaterra, o Canadá ou os Estados Unidos em busca de educação ou oportunidades de emprego; mas, quando iam, elas geralmente permaneciam. Atualmente elas podem ir e voltar, e fazem isto muitas vezes mantendo residências na ilha e "lá fora". Ser "indiano" já teve um significado preciso dentro do contexto da pequena ilha. O que significa isso agora, quando a pessoa viaja o tempo todo entre o Caribe e algum outro lugar? Em Nova York ou Londres ou Toronto, esta pessoa é "indiana", "trinitária", "caribenha", ou alguma combinação de fatores? Para uma geração atrás esta pergunta não faria nenhum sentido para as pessoas que comecei a estudar no início dos anos de 1970. Mas agora a "comunidade" existe por toda parte e certamente a sua identidade não é tão claramente definida como se pensava há trinta anos.

Fazer observação participante em uma comunidade "transnacional" envolve desafios bem evidentes. Poderíamos, sem dúvida, conseguir acompanhar as pessoas em volta do globo, mas na maioria dos casos isso seria inviável. No mais das vezes, continuaremos a ser pesquisadores ligados a um lugar, mas teremos de nos lembrar continuamente de que o lugar que observamos e no qual participamos pode não ser mais a realidade social ou cultural total para todas as pessoas que, de uma forma ou de outra, pertencem àquela comunidade.

Podemos identificar vários aspectos do mundo moderno que podem nos ajudar a levar os métodos etnográficos para além de suas origens em comunidades tradicionais de pequena escala:

- Os analistas falam agora da emergência de um sistema-mundo, um mundo em que as nações são econômica e politicamente interdependentes. O sistema-mundo e as relações entre as unidades dentro desse sistema são formados, em grande medida, pela economia capitalista global, que está mais comprometida com a maximização dos lucros do que com a satisfação das necessidades domésticas. Alguns contextos e eventos que podem ser estudados pelos métodos discutidos neste livro, de forma a contribuir para a nossa compreensão do sistema-mundo:

- √ a natureza da migração da mão-de-obra (ver, p.ex., Zúñiga e Hernández-León, 2001, que descrevem as maneiras pelas quais os trabalhadores latinos que vão para os Estados Unidos estão mudando do setor agrícola para o industrial);
- √ a emergência da "terceirização" e o seu impacto nas sociedades tradicionais que são assim trazidas para o mundo dos poderes dominantes (ver, p.ex., Saltzinger, 2003, um estudo de trabalhadores mexicanos da indústria).
- A transformação da esfera de influência da ex-União Soviética acarretou diversas mudanças tanto sociais quanto econômicas e políticas. Esse processo foi pesquisado por Janine Wedel (2002).
- O mundo sempre foi culturalmente diverso, é claro. Mas agora que a globalização está colocando diferentes culturas em contato mais frequente umas com as outras, a dinâmica da diversidade cultural, do multiculturalismo e do contato cultural está mudando dramaticamente. (Ver, p.ex., Maybury-Lewis, 2002, para o caso de povos indígenas e etnicidade no mundo contemporâneo.)
- No mundo moderno, as pessoas são cada vez menos definidas pela "alta cultura". É mais provável que elas sejam influenciadas (e congregadas como uma "comunidade" global) pela cultura popular. O estudo de cultura popular foi fundamental para os "estudos culturais" e hoje desfruta de prestígio entre as principais disciplinas. (Ver, p.ex., Bird, 2003; Fiske, 1989; Fiske e Hartley, 2003; ver também Ong e Collier, 2005, para um exame mais amplo das implicações da globalização para a pesquisa social em geral e para a pesquisa etnográfica em particular.)

A MUDANÇA NO CONTEXTO DE PESQUISA: MUNDOS VIRTUAIS

Se quiserem, os etnógrafos podem se libertar do "lugar" por meio da Internet. As comunidades virtuais agora são comuns; elas se caracterizam não pela proximidade geográfica nem por uma longa herança em comum, mas pela comunicação mediada por computador e pelas interações *on-line*. São "comunidades de interesse" e não comunidades residenciais. Embora algumas possam durar certo tempo, a maioria delas é efêmera por natureza – surgem e desaparecem conforme mudam os interesses dos participantes.

Pode-se, com certeza, fazer etnografia *on-line*. É possível "observar" o que se passa em uma sala de bate-papo na Internet quase da mesma maneira que se poderia observar os acontecimentos em um "lugar" tradicional. Pode-se conduzir entrevistas pela Internet. E a nossa capacidade de usar materiais de arquivo foi claramente aumentada por métodos de armazenamento e recuperação digital. A vida *on-line* está se tornando uma banalidade do século XXI, e a etnografia pode certamente incorporar o ciberespaço como lócus de pesquisa.

Algumas precauções, no entanto, são necessárias:

- A comunicação eletrônica se baseia quase que exclusivamente na palavra escrita ou em imagens escolhidas a dedo. O etnógrafo acostumado a "ler" o comportamento através de nuanças de gestos, expressão facial e tom de voz está, portanto, em certa desvantagem.
- É muito fácil para as pessoas *on-line* esconder suas identidades – algumas vezes, tudo que interessa na participação de um grupo *on-line* é assumir uma identidade inteiramente nova.
- Se você estiver fazendo o tipo de pesquisa que depende da "exatidão" dos "fatos", então será necessário desenvolver um senso crítico, para avaliar cuidadosamente as fontes virtuais e evitar fazer afirmações que não poderão ser confirmadas por outros meios.

Mas as "comunidades virtuais" são realmente assim tão semelhantes às comunidades tradicionais ou redes sociais? Como é que a comunicação eletrônica dá origem a novas comunidades ao mesmo tempo em que melhora as condições para que as comunidades mais velhas e estabelecidas, agora geograficamente dispersas, possam se manter em contato? Tais questões nos indicam possibilidades de pesquisa não apenas sobre pessoas específicas e suas vidas, mas também sobre os processos mais amplos através dos quais as pessoas definem suas vidas.

A *etnografia virtual* também coloca alguns desafios éticos semelhantes mas não exatamente iguais àqueles que confrontam o pesquisador de campo em comunidades tradicionais. É desnecessário dizer que as normas éticas de consentimento informado e proteção de privacidade e sigilo continuam sendo importantes, embora estejamos lidando com pessoas que não vemos face a face. Embora a Internet seja uma espécie de espaço público, as pessoas que o "habitam" ainda são indivíduos que têm os mesmos direitos que as pessoas em "lugares" mais convencionais. No entanto, não há ainda quaisquer regras éticas abrangentes aplicáveis à pesquisa *on-line*. Não obstante, certos princípios parecem estar se estabelecendo por consenso:

- A pesquisa baseada na análise de conteúdo de um *website* público não precisa apresentar um problema ético e é provavelmente aceitável citar mensagens enviadas para páginas de mensagem públicas, desde que as citações não sejam atribuídas a pessoas identificáveis.

- Os membros de uma comunidade *on-line* devem ser informados se um etnógrafo também estiver *on-line* "observando" suas atividades para fins de pesquisa.
- Os membros de uma comunidade virtual sob observação devem ter a garantia de que o pesquisador não usará nomes reais, endereços de *e-mail*, ou qualquer outra marca de identificação em qualquer publicação baseada na pesquisa.
- Se o grupo *on-line* tiver definido suas regras de entrada e participação no grupo, essas normas devem ser respeitadas pelo pesquisador, da mesma forma como seriam respeitados os valores e expectativas de qualquer outra comunidade na qual ele ou ela pretendessem fazer observação participante.

Alguns etnógrafos *on-line* também adotaram a prática de compartilhar esboços de relatórios de pesquisa para comentário dos membros da comunidade virtual. Ao permitir que membros ajudem a decidir como seus comentários devem ser usados, o pesquisador atinge o objetivo ético mais amplo de transformar "informantes" em "colaboradores" verdadeiramente autorizados.

O antropólogo David Hakken (2003) está realizando um estudo de longo prazo sobre a revolução informática; ele criou o que ele chama de "etnografia da computação". Ele observa que a maioria dos sistemas de computação que proliferam rapidamente foram projetados e implementados de um modo "centrado na máquina". No entanto, parte importante do mundo da computação acontece em organizações de alto nível de sociabilidade (empresas, escolas, governos) onde o foco exclusivo na máquina (e nos códigos para operá-las) era incompatível com a cultura dos usuários. Há um movimento por uma abordagem mais humanista (*"human-centered"*) no design de sistemas de computação, mas Hakken observa que até mesmo esses desenvolvimentos amigáveis para o usuário são de natureza individualista e não refletem suficientemente a natureza social da computação. Por isso, ele propõe o que chama de modelo de computação "centrado na cultura". Pensar culturalmente a nova tecnologia permitiria construir sistemas eficientes e levantar as questões éticas e políticas mais amplas colocadas pela revolução tecnológica. Isso também enfatizaria as implicações de tais tecnologias nas práticas de várias disciplinas acadêmicas que agora dependem dos computadores para desempenhar suas atividades. Como os pesquisadores que lidam com ciberespaço estão trabalhando com formações sociais que são simultaneamente potenciais e existentes no tempo real atual (ou seja, estão perpetuamente "em construção"), uma postura ética que seja "ativa" e antecipatória torna-se necessária, em contraste com a ética essencialmente reativa das formas de pesquisa anteriores. Porém, as dimensões de tal programa ético não foram completamente calculadas, e muito menos adotadas sem restrições por pesquisadores nas várias ciências sociais. (Ver Hine, 2000; Jones, 1999; Markham, 1996; e Miller e Slater, 2000, para mais debates sobre os desafios da pesquisa no mundo virtual.)

PONTOS-CHAVE

- As técnicas de pesquisa etnográfica concebidas para uso em sociedades tradicionais homogêneas de pequena escala ainda são úteis, mas precisamos ficar atentos para as mudanças no contexto de pesquisa.
- A tecnologia disponível para o etnógrafo moderno aumenta sua capacidade de fazer trabalho de campo, mas também corre o risco de congelar o instante com tanta clareza e (aparente) conclusividade que o fluxo da vida real não é mais capturado.
- A dinâmica da globalização pela qual o capital, os bens, os serviços, a mão-de-obra, as ideias e outras formas culturais atravessam fronteiras internacionais criou comunidades transnacionais onde as relações sociais não estão mais fixadas em um único lugar. Os estudos de estrutura social, valores culturais e identidades de grupo precisam ser dimensionados em uma arena maior.
- É possível usar os tradicionais métodos de observação etnográfica, entrevista e pesquisa em arquivo tradicionais nas comunidades virtuais *on-line*, mas ainda precisamos de pesquisa sobre a verdadeira natureza dessas comunidades. É preciso também prestar maior atenção à questão da extensão de diretrizes éticas aplicadas ao estudo das comunidades tradicionais para as virtuais.

LEITURAS COMPLEMENTARES

Os seguintes autores examinam mais a fundo as questões mencionadas neste capítulo:

Hakken, D. (2003) 'An ethics for an anthropology in and of cyberspace', in C. Fluehr-Lobban (ed.), *Ethics and the Profession of Anthropology: Dialogue for Ethically Conscious Practice* (2nd ed.). Walnut Creek, CA: AltaMira, pp. 179-95.

Miller, D. and Slater D. (2000) *The Internet: An Ethnographic Approach*. New York: Berg.

Ong, A. and Collier S.J. (2005) *Global Assemblages: Technology, Politics, and Ethics as Anthropological Problems*. Malden, MA: Blackwell.

GLOSSÁRIO

Análise descritiva Processo de análise dos dados em suas partes constitutivas para identificar padrões ou regularidades nesses dados.

Análise êmica Um modo de entender uma comunidade focalizando a maneira como as pessoas dão significado às suas ações.

Análise ética Maneira de entender uma comunidade em estudo analisando como os seus comportamentos correspondem a padrões que parecem ser transculturalmente válidos.

Análise teórica Processo de explicação de padrões ou regularidades que surgem na análise descritiva de dados.

Apresentações Maneiras pelas quais os dados etnográficos são comunicados ao público.

Árvore hieráquica Diagrama que mostra diferentes níveis de abstração na interpretação de certos fenômenos sociais ou culturais.

Cinésica Estudo da "linguagem corporal".

Comunidades virtuais Grupos definidos por comunicação mediada por computador e por interações *on-line* e não por proximidade geográfica.

Confiabilidade Medida do grau até onde qualquer observação é consistente com um padrão geral e não o resultado de uma possibilidade aleatória.

Consentimento informado Princípio básico de ética na pesquisa; espera-se que as pessoas concordem em participar de um projeto de pesquisa depois que lhes é dada toda a informação pertinente sobre os métodos e os resultados projetados da pesquisa.

Cultura Os produtos, os materiais, as crenças aprendidas e as ações sociais compartilhadas que caracterizam um grupo social.

Descrição densa Exibição de detalhes, contexto, emoções e nuanças de relações sociais a fim de evocar o "sentimento" de uma cena e não apenas os seus traços superficiais.

Entrevista Processo de dirigir uma conversação de maneira sistemática a fim de coletar informação.

Entrevista semiestruturada Uso de questões predeterminadas relacionadas a áreas de interesse na comunidade de estudo.

Entrevistas genealógicas Método de coletar informação sistemática sobre parentesco e redes sociais relacionadas.

Estudos culturais Área de pesquisa especialmente interessada em instituições como meios de comunicação e cultura popular que representam convergências da história, ideologia e experiência subjetiva.

Estudos de vestígios de comportamento O uso de artefatos deixados para trás como modo de entender os comportamentos de indivíduos e grupos.

Etnocentrismo A tendência de pensar que a sua própria cultura representa o melhor e mais lógico modo de entender e atuar no mundo.

Etnografia aplicada O uso de métodos de pesquisa etnográfica para que os resultados possam dar uma contribuição à formulação e manutenção de políticas públicas ou procedimentos que sirvam à comunidade em estudo.

Etnografia Estudo descritivo de um grupo de pessoas.

Etnometodologia Uma teoria das ciências sociais centrada em entender como o senso de realidade de um grupo social é construído, mantido e modificado, mais do que no conteúdo específico daquele senso da realidade.

Feminismo Uma abordagem em ciências sociais que salienta a centralidade do gênero como um determinante da ordem social.

Funcionalismo Teoria que trata a sociedade como um conjunto de instituições relativamente estáticas em equilíbrio.

História de vida Um tipo de entrevista que reconstrói a vida de uma pessoa, que é considerada como membro representativo de um grupo social específico ou modelo dos ideais ou aspirações daquele grupo.

História oral Campo de estudo dedicado à reconstrução do passado através das recordações pessoais daqueles que o viveram.

Informantes-chave Membros de uma potencial comunidade de estudo que controlam o acesso de um pesquisador àquela comunidade.

Interacionismo simbólico Teoria que trata a vida social como produto dos encontros constantes e sempre cambiantes entre os membros da comunidade.

Levantamento etnográfico Um instrumento fechado de pesquisa concebido para coletar dados quantitativos de um número relativamente grande de informantes.

Marxismo Teoria que liga economia, política e história postulando as desigualdades de classe socioeconômica como fator determinante da ordem social, e defendendo a necessidade da luta de classes como força motora de mudança histórica.

Matriz Tabela que permite comparar dois ou mais segmentos de uma população em termos de um determinado fator no comportamento de uma comunidade.

Observação não participante ou **não intrusiva** Uso de técnicas de pesquisa de maneira que as pessoas estudadas não saibam que estão sendo observadas.

Observação participante Um modo de fazer pesquisa etnográfica que coloca o pesquisador no meio de, e interagindo com, a comunidade em estudo.

Observação Um meio de investigação social no qual as atividades e relações das pessoas na comunidade estudada são percebidas através dos cinco sentidos do pesquisador.

Pesquisa em arquivo A análise de registros e outros documentos que foram armazenados para pesquisa, serviço, e outros fins, tanto oficiais como não oficiais.

Pesquisa indutiva O uso de evidência empírica acumulada visando à construção de uma teoria explanatória geral.

Populações vulneráveis Grupos, como de crianças, pessoas com deficiências, prisioneiros e idosos, que são considerados em risco especial de exploração e cujos direitos enquanto informantes da pesquisa precisam ser especialmente protegidos.

Pós-modernismo Um movimento nas ciências sociais que desafia o pressuposto de que o estudo de sociedade e cultura deva reproduzir a objetividade do método científico.

Proposição Uma questão de pesquisa que sugere uma associação entre variáveis presumidas como pertinentes, mas que não utiliza o formato de uma hipótese testável formal.

Proxêmica Estudo das maneiras como o espaço é organizado com a finalidade de transmitir significados sociais.

Teoria crítica Termo geral que compreende várias abordagens no estudo da sociedade e cultura contemporâneas; o tema central é o uso da ciência social para desafiar os dogmas das instituições dominantes da sociedade.

Trabalho de campo Pesquisa social conduzida no contexto natural onde as pessoas vivem ou trabalham.

Triangulação Uso de múltiplas fontes de dados para verificar os resultados da pesquisa social.

Validade Medida do grau em que um resultado de pesquisa realmente demonstra o que parece demonstrar.

Verossimilhança Estilo de escrita que envolve o leitor no mundo estudado para evocar um clima de recognição.

REFERÊNCIAS

Esta lista inclui as referências citadas no livro e algumas referências adicionais porém úteis sobre o campo da pesquisa etnográfica na prática.

Adler, P.A. and Adler, P. (1994) 'Observational techniques', in N.K. Denzin and Y.S. Lincoln (eds), *Handbook of Qualitative Research* (1st ed.). Thousand Oaks, CA: Sage, pp. 377-92 (2nd ed. 2000).

Agar, M. (1980) *The Professional Stranger: An Informal Introduction to Ethnography.* San Diego: Academic Press.

Agar, M.H. (1986) *Speaking of Ethnography.* Beverly Hills, CA: Sage.

Anderson, E. (1990). *Streetwise.* Chicago: University of Chicago Press.

Angrosino, M.V. (1974) *Outside is Death: Alcoholism, Ideology, and Community Organization among the East Indians in Trinidad.* Winson-Salem, NC: Medical Behavioral Science Monograph Series.

Angrosino, M.V. (1998) *Opportunity House: Ethnographic Stories of Mental Retardation.* Walnut Creek, CA: AltaMira.

Angrosino, M.V. (ed.) (2002) *Doing Cultural Anthropology: Projects for Ethnographic Data Collection.* Prospect Heights, IL: Waveland.

Angrosino, M.V. and A. Mays de Pérez, K. (2000) 'Rethinking observation: from method to context', in N.K. Denzin and Y.S. Lincoln (eds), *Handbook of Qualitative Research* (2nd ed.). Thousand Oaks, CA: Sage, pp. 673-702

Atkinson, P., Coffey, A., Delamont, S., Lofland, J. and Lofland, L. (eds) (2001) *Handbook of Ethnography.* London: Sage.

Babbie, E. (1986) *Observing Ourselves: Essays in Social Research.* Prospect Heights, IL: Waveland.

Banks, M. (2007) *Using Visual Data in Qualitative Research* (Book 5 of *The SAGE Qualitative Research Kit*). London: Sage. Publicado pela Artmed Editora sob o título *Dados visuais para pesquisa qualitativa.*

Banks, A. and Stephen, P. (eds) (1998) *Fiction and Social Research: By Ice or Fire.* Walnut Creek, CA: AltaMira.

Barbour, R. (2007) *Doing Focus Groups* (Book 4 of *The SAGE Qualitative Research Kit*). London: Sage. Publicado pela Artmed Editora sob o título *Grupos focais.*

Berg, B.L. (2004) *Qualitative Research Methods for the Social Sciences,* (5th ed.). Boston: Pearson.

Bernard, H.R. (1988) *Research Methods in Cultural Anthropology*. Newbury Park, CA: Sage.

Bird, S.E. (2003). *The Audience in Everyday Life: Living in a Media World*. New York: Routledge.

Bochner, A.P. and Ellis, C. (2002) *Ethnographically Speaking: Autoethnography, Literature, and Aesthetics*. Walnut Creek, CA: AltaMira.

Bogdan, R.C. and Biklen, S.K. (2003) *Qualitative Research for Education: An Introduction to Theory and Methods (4th ed.)*. Boston: Allyn & Bacon.

Borzak, L. (ed.) (1981) *Field Study: A Sourcebook for Experiential Learning*. Beverly Hills, CA: Sage.

Bourgois, P. (1995) 'Workaday world, crack economy', *The Nation*, 261: 706-11.

Cahill, S.E. (1985) 'Meanwhile backstage: public bathrooms and the interaction order', *Urban Life*, 14: 33-58.

Chambers, E. (2000) 'Applied ethnography', in N.K. Denzin and Y.S. Lincoln (eds), *Handbook of Qualitative Research* (2nd ed.). Thousand Oaks, CA: Sage, pp. 851-69.

Clifford, J. and Marcus, G. (eds) (1986) *Writing Culture: The Poetics and Politics of Ethnography*. Berkeley: University of California Press.

Crane, J.G. and Angrosino, M.V. (1992) *Field Projects in Anthropology: A Student Handbook* (3rd ed.). Prospect Heights, IL: Waveland.

Creswell, J.W. (1994) *Research Design: Qualitative and Quantitative Approaches*. Thousand Oaks, CA: Sage.

Creswell, J.W. (1998) *Qualitative Inquiry and Research Design: Choosing among Five Traditions*. Thousand Oaks, CA: Sage.

de Matta, R. (1994) 'Some biased remarks on interpretism', in R. Borofsky (ed.), *Assessing Cultural Anthropology*. New York: McGraw-Hill, pp. 119-32.

Denzin, N.K. and Lincoln, Y.S. (eds) (2003) *Collecting and Interpreting Qualitative Materials* (2nd ed.). Thousand Oaks, CA: Sage.

DeVita, P.R. (1992) *The Naked Anthropologist: Tales from around the World*. Belmont, CA: Wadsworth.

Elliott, D. and Stern, J.E. (eds) (1997) *Research Ethics: A Reader*. Hanover, NH: University Press of New England.

Ellis, C. (1995) *Final Negotiations: A Story of Love, Loss, and Chronic Illness*. Philadelphia: Temple University Press.

Ellis, C. and Bochner, A.P. (eds) (1996) *Composing Ethnography: Alternative Forms of Qualitative Writing*. Walnut Creek, CA: AltaMira.

Emerson, R.M. (ed.) (2001) *Contemporary Field Research* (2nd ed.). Prospect Heights, IL: Waveland.

Erikson, K.T. (1967) 'A comment on disguised observation in sociology', *Social Problems*, 14: 366-73.

Fetterman, D.M. (1998) *Ethnography Step by Step* (2nd ed.). Thousand Oaks, CA: Sage.

Fiske, J. (1989) *Understanding Popular Culture*. Boston: Unwin Hyman.

Fiske, J. and Hartley, J. (2003) *Reading Television* (2nd ed.). New York: Routledge.

Flick, U. (2006) *An Introduction to Qualitative Research* (3rd ed.). London: Sage.

Flick, U. (2007a) *Designing Qualitative Research* (Book 1 of *The SAGE Qualitative Research Kit*). London: Sage. Publicado pela Artmed Editora sob o título *Desenho da pesquisa qualitativa*.

Flick, U. (2007b) *Managing Quality in Qualitative Research* (Book 8 of *The SAGE Qualitative Research Kit*). London: Sage. Publicado pela Artmed Editora sob o título *Qualidade na pesquisa qualitativa*.

Flick, U., Kardorff, E. von and Steinke, I. (eds) (2004) *A Companion to Qualitative Research* (trans. B. Jenner). London: Sage.

Fluehr-Lobban, C. (ed.) (2003) *Ethics and the Profession of Anthropology: Dialogue for Ethically Conscious Practice* (2nd ed.). Walnut Creek, CA: AltaMira.

Fox, K.J. (2001) 'Self-change and resistance in prison', in J.A. Halberstein and J.F. Gubrium (eds), *Institutional Selves: Troubled Identities in the Postmodern World*. New York: Oxford University Press, pp. 176-92.

Geertz, C. (1973) 'Thick description: toward an interpretive theory of culture', in C. Geertz, *The Interpretation of Cultures*. New York: Basic Books, pp. 3-30.

Gibbs, G.R. (2007) *Analyzing Qualitative Data*. (Book 6 of The SAGE Qualitative Research Kit). London: Sage. Publicado pela Artmed Editora sob o título *Análise de dados qualitativos*.

Goffman, E. (1971) *Relations in Public*. New York: Basic Books.

Gold, R.L. (1958) 'Roles in sociological field observations', *Social Forces*, 36: 217-23.

Guba, E.G. and. Lincoln Y.S. (2005) 'Paradigmatic controversies, contradictions, and emerging confluences', in N.K. Denzin and Y.S. Lincoln (eds), *Handbook of Qualitative Research*, (3rd ed.). Thousand Oaks, CA: Sage, pp. 191-215.

Hakken, D. (2003) 'An ethics for an anthropology in and of cyberspace', in C. Fluehr-Lobban (ed.), *Ethics and the Profession of Anthropology: Dialogue for Ethically Conscious Practice* (2nd ed.). Walnut Creek, CA: AltaMira, pp. 179-95.

Heider, K. (1976) *Ethnographic Film*. Austin: University of Texas Press.

Herman, N.J. and Reynolds, L.T. (1994) *Symbolic Interaction: An Introduction to Social Psychology*. Dix Hills, NY: General Hall.

Hine, C. (2000) *Virtual Ethnography*. London: Sage.

Humphreys, L. (1975) *Tearoom Trade: Impersonal Sex in Public Places*. New York: Aldine.

Janesick, V.J. (1998) *'Stretching' Exercises for Qualitative Researchers*. Thousand Oaks, CA: Sage.

Jones, S.G. (ed.) (1999) *Doing Internet Research: Critical Issues and Methods for Examining the Net*. London: Sage.

Kvale, S. (2007) *Doing Interviews* (Book 2 of The SAGE Qualitative Research Kit). London: Sage.

LeCompte, M.D. and Schensul, J.J. (1999) *Designing and Conducting Ethnographic Research* (Vol. I of J.J. Schensul, S.L. Schensul and M.D. LeCompte, (eds), Ethnographer's Toolkit). Walnut Creek, CA: AltaMira.

McGee, R.J. and Warms, R.L. (2003) *Anthropological Theory: An Introductory History*, (3rd ed.). Boston: McGraw-Hill.

Malinowski, B. (1922) *Argonauts of the Western Pacific*. London: Routledge.

Marcus, G. (ed.) (1999) *Critical Anthropology Now: Unexpected Contexts, Shifting Constituencies, Changing Agendas*. Santa Fe, NM: School of American Research Press.

Marcus, G. and Fischer, M. (1986) *Anthropology as Cultural Critique: An Experimental Moment in the Human Sciences*. Chicago: University of Chicago Press.

Markham, A. (1996) *Life On-Line: Researching Real Experience in Virtual Space*. Walnut Creek, CA: AltaMira.

Mason, J. (2002). *Qualitative Researching* (2nd ed.). London: Sage.

Maybury-Lewis, D. (2002) *Indigenous People, Ethnic Groups, and the State* (2nd ed.). Boston: Allyn & Bacon.

Mehan, H. and Wood, H. (1975) *The Reality of Ethnomethodology*. New York: Wiley.

Mienczakowski, J. (1996) 'The ethnographic act', in C. Ellis and A. Bochner (eds), *Composing Ethnography: Alternative Forms of Qualitative Writing*. Walnut Creek, CA: AltaMira, pp. 244-64.

Miles, M.B. and Huberman, A.M. (1994) *Qualitative Data Analysis: An Expanded Sourcebook* (2nd ed.). Thousand Oaks, CA: Sage.

Miller, D. and Slater, D. (2000). *The Internet: An Ethnographic Approach*. New York: Berg.

Morgen, S. (1989) *Gender and Anthropology: Critical Reviews for Research and Teaching*. Washington, DC: American Anthropological Association.

Nanda, S. (2002) 'Using a museum as a resource for ethnographic research', in M. Angrosino (ed.), *Doing Cultural Anthropology: Projects for Ethnographic Data Collection*. Prospect Heights, IL: Waveland, pp. 71-80.

Nardi, B. and O'Day, V. (1999) Information *Ecologies: Using Technology with Heart*. Cambridge, MA: MIT Press.

Ong, A. and Collier, S.J. (2005) *Global Assemblages: Technology, Politics, and Ethics as Anthropological Problems*. Malden, MA: Blackwell.

Plummer, K. (2005) 'Critical humanism and queer theory: living with the tensions', in N.K. Denzin and Y.S. Lincoln (eds), *Handbook of Qualitative Research*. Thousand Oaks, CA: Sage, pp. 357-74.

Punch, M. (1986) *The Politics and Ethics of Fieldwork*. Beverly Hills, CA: Sage.

Rapley, T. (2007) *Doing Conversation, Discourse and Document Analysis* (Book 7 of The *SAGE Qualitative Research Kit*). London: Sage.

Richardson, L. (1990) *Writing Strategies: Reaching Diverse Audiences*. Newbury Park, CA: Sage.

Richardson, L. (1992) 'The consequences of poetic representation', in C. Ellis and M. Flaherty (eds), *Investigating Subjectivity*. London: Sage, pp. 125-40.

Rossman, G.B. and Rallis, S.F. (1998) *Learning in the Field: An Introduction to Qualitative Research*. Thousand Oaks, CA: Sage.

Rynkiewich, M.A. and Spradley, J.P. (1981) *Ethics and Anthropology: Dilemmas in Fieldwork*. Malabar, FL: Krieger.

Saltzinger, L. (2003) *Genders in Production: Making Workers in Mexico's Global Factories*. Berkeley: University of California Press.

Schensul, J.J. (1999) 'Building community research partnerships in the struggle against AIDS', *Health Education and Behaviour*, 26 [special issue].

Schensul, S.L., Schensul, J.J. and LeCompte, M.D. (1999) *Essential Ethnographic Methods: Observations, Interviews, and Questionnaires* (Vol. II of J.J. Schensul, S.L Schensul and M., LeCompte, (eds), *Ethnographer's Toolkit*). Walnut Creek, CA: AltaMira.

Scrimshaw, S.C. and Gleason, G.R. (eds) (1992) RAP: *Rapid Assessment Procedures: Qualitative Methodologies for Planning and Evaluation of Health-Related Programs*. Boston: International Nutritional Foundation for Developing Countries.

Seale, C. (1999) *The Quality of Qualitative Research*. London: Sage.

Seale, C., Gobo, G., Gubrium, J. and Silverman, D. (eds) (2004) *Qualitative Research Practice*. London: Sage.

Sparkes, A.C. (2002) *Telling Tales in Sport and Physical Activity: A Qualitative Journey*. Champaign, IL: Human Kinetics.

Spradley, J.P. (1980) *Participant Observation*. New York: Holt, Rinehart & Winston.

Storey, J. (1998) *An Introduction to Cultural Theory and Popular Culture* (2nd ed.). Athens: University of Georgia Press.

Toumey, C.P. (1994) *God's Own Scientists: Creationists in a Secular World*. New Brunswick, NJ: Rutgers University Press.

Turner, J.H. (1978) *The Structure of Sociological Theory*. Homewood, IL: Dorsey.

van Maanen, J. (ed.) (1982) *Qualitative Methodology*. Beverly Hills, CA: Sage.

van Maanen, J. (1988) *Tales of the Field: On Writing Ethnography*. Chicago: University of Chicago Press. Wedel, J. (2002) *Blurring the Boundaries of the State-Private Divide: Implications for Corruption*, http://www.anthrobase.com/Txt/W/Wedel_J-01.htm.

Weitzman, E.A. and Miles, M.B. (1995) *Computer Programs for Qualitative Data Analysis*. Thousand Oaks, CA: Sage.

Wiseman, J.P. and Aron, M.S. (1970) *Field Projects for Sociology Students*. Cambridge, MA: Schenkman.

Wolcott, H.F. (1994) 'The elementary school principal: notes from a field study', in H.F. Wolcott (ed.), *Transforming Qualitative Data*. Thousand Oaks, CA: Sage, pp. 103–48.

Wolf, E.R. (1982) *Europe and the People without History*. Berkeley: University of California Press.

Zinn, M.B. (1979) 'Insider field research in minority communities', *Social Problems*, 27: 209-19.

Zúñiga, V. and Hernández-León, R. (2001) 'A new destination for an old migration: origins, trajectories, and labor market incorporation of Latinos in Dalton, Georgia', in A.D. Murphy, C. Blanchard and J.A. Hill (eds), *Latino Workers in the Contemporary South*. Athens: University of Georgia Press, pp. 126–46

ÍNDICE

A

abordagem dramatúrgica em etnografia 21
abordagem etnográfica baseada em história de vida 23-24, 65-68
Adler, P.A. e P. 85-86
adulteração 84-87
americanos nativos 39-40
amostragem 67-68
análise de dados descritiva 89-90, 95-96
análise de dados teórica 90-91, 96-98
análise de rede social 65-66
análises de dados etnográficos 89-102
analogia do "funil" 78-79
analogia orgânica 17-18
Anderson, E. 75-76
antropologia 15-17, 90-91
antropologia social 16-17
apresentação de dados etnográficos 101-107
árvores hierárquicas 94-95
autenticidade 81-82
autoetnografia 104-105
autorreflexividade de pesquisadores 27-28, 45-47, 52, 118-119

B

Bernard, H.R. 76-77
Boas, Franz 16-17

C

Cahill, S.E. 74-75
campo de pesquisa, seleção de 45-52, 77-78
choque cultural 77-79
códigos de ética 109-111
códigos éticos e comportamento adequado 109-111, 123
códigos para sujeitos de pesquisa, 59-60, 111-112
coleta de dados 53-72
comitês de ética na pesquisa (IRBs) 110-115
comportamento cinésico 57-58, 63-64
comportamento proxêmico 57-58, 63-64
computadores, uso de 65-67, 70-71, 78-79, 92-93, 96-99, 117-118, 120-123
comunidades de interesse 43-44, 120-121
comunidades transnacionais 118-120, 123
comunidades virtuais 43-44, 120-123
conceito de *verstehen* 19-21
confiabilidade de dados de pesquisa 18-19, 78-80, 86-87
consentimento informado 56-57, 110-116, 120-121
construção social 29
construtores de redes conceituais 96-98
contato visual 63-64, 69
contos realistas 103-104
cultura e diversidade cultural 15-16, 19-20, 30-31, 119-120

D

dados secundários 70-71
descrição densa 32-33
descrições poéticas 104-105
desospitalização de pacientes psiquiátricos 37-44, 47-48, 49-50, 55-57, 66-67, 93-94
divisões de classe social 23-25
documentários filmados 105-106

E

Ellis, C. 104-105
entrevista, etnográfica 18-19, 23-24, 61-72, 80
  tipos de 64-69
entrevistas abertas 61-63
entrevistas semiestruturadas 66-68
epistemologia das múltiplas perspectivas 26-28
escrita, etnográfica, "alternativa"
estado de equilíbrio da sociedade 18-19, 23-25, 29
estereótipos 83-84
estudos culturais 27-29
estudos de parentesco 18-19, 64-66, 70-71
estudos de vestígios de comportamento 57-58
estudos feministas 21-24, 26-27
etnocentrismo 56-57
etnodrama 104-105
etnografia 30-34
  definição de 15-16, 30-31
etnografia aplicada 54-56
etnografia dialógica 27-28, 31-32
etnografia funcionalista 17-23, 26-27
etnografia virtual 120-121
etnometodologia 24-27

F

fontes primárias 70-71
formas de 103-107
Fox, K.J. 74-76

G

garantia de qualidade da pesquisa 81-82
gerenciamento de dados 92-93
gerenciamento de texto 96-98
globalização 118-120, 123
Goffman, Erving 21, 83-84
Gold, R.L. 74-75
gravação em fita cassete 67-69, 117-118
gravação em vídeo 69, 105-106, 117-118
Guba, E.G. 81-82

H

habilidades linguísticas 77-78
Hakken, David 123

Heider, K. 105-106
história oral 65-68, 112-113
histórias confessionais 104-105
Huberman, A.M. 81-82
Humphreys, L. 83-86

I

indexadores de teoria baseados em código 96-98
indução analítica 80
informantes-chave 48-50, 77-78
instrumentos de pesquisa quantitativa, 40-44
interacionismo simbólico 19-21
interferência do observador 82-83
"introspecção compreensiva" 19-21
investigação indutiva 19-20, 31-32

L

LeCompte, Margaret 61-62
leitura panorâmica 92-93
levantamentos etnográficos 67-68
Lincoln, Y.S. 81-82
linguagem corporal 57-58
literatura de ficção 104-106
localizadores de texto 96-98

M

Malinowski, Bronislaw 16-17, 103-104
metáforas, uso de 95-96
método científico 18-19, 29, 80, 103-104
métodos de pesquisa qualitativa 18-19, 67-68, 80-82
métodos de pesquisa quantitativa 38-39, 40-41, 67-68, 78-79, 112-113
Mienczakowski, J. 104-105
Miles, M.B. 81-82
modernismo 29
modo impressionista de contar história 32-33
mudança tecnológica 118-119

N

narrativas 31-34, 89-90
normas 18-19, 25-27, 52
notas
  em relatórios de pesquisa 103-104
  tomadas no campo 58-60, 78-79

O

objetividade 61-62, 114-115
observação na pesquisa, 25-26, 71-87
   definição de 73-75
   em espaços públicos 82-85
   habilidades e qualidades necessárias
      para 55-62, 77-78
   questões éticas em 84-86
   tipos de 74-77
   tópicos apropriados para 76-77
observação participante 16-19, 33-34,
      45-64, 74-77, 112-115,
      117-120

P

padrões em dados, reconhecimento de
      90-92
papéis adotados por pesquisadores
      74-78
perguntas de resposta embutida 63-64
personalização de entrevistas 64-65
perspectiva dialética 27-28
perspectivas êmica e ética 90-94, 98-99
pesquisa de campo, características da
      16-18, 30-31, 90-92
pesquisa em arquivo 69-72, 120-121
pesquisa em espaços públicos 82-85
pesquisa etnográfica 73-75, 115-116
   cenários para 43-44
   e teoria sociocultural 17-31
   história de 15-18
   problemas específicos em 37-44
   utilidade de 35-37
pesquisa experimental 112-115
pesquisa genealógica 18-19, 64-66,
      70-71
pesquisa transcultural 19-20
pesquisa-ação 27-28
Plummer, Ken 76-77
populações em situação de risco 111-112
positivismo 29
pós-modernismo 29-31, 54-56, 80
privacidade, respeito à 57-58, 83-87,
      110-111, 120-121
problema de pesquisa, definição do 37-39
processadores de texto 96-98
programas de codificação e resgate de
      dados 96-98
"protocolo" 63-64

Q

quebrar o gelo 63-64
questionários, uso de 18-19
questões éticas 57-58, 74-76, 82-87,
      104-105, 109-116
questões investigativas 62-63

R

Radcliffe-Brown, A.R. 16-17
reciprocidade de perspectivas 25-26
recursos na Internet 105-107, 120-123
reflexividade 25-28
registros verbais palavra por palavra
      59-60
relações de família 18-19, 39-41, 65-66
relações sexuais 40-44, 55-56, 83-86
relações sociais de gênero 22-23
relatórios etnográficos 31-34, 102-104
resumos de pesquisa 102-103
revisões de literatura 102-103, 105-106
revisões metodológicas 102-103
Richardson, L. 104-105

S

saturação teórica 78-79
Schensul, Stephen e Jean 61-62, 76-77
sigilo 23-25, 69, 110-112, 120-121
sistema de contrato 36-39, 93-94
socialização 22-23
Spradley, James 78-79
subjetividade 16-17, 19-21, 80, 82-83,
      103-104

T

temas para análise 92-93
teoria crítica 26-28, 46-47
teoria do Sistema-Mundo 24-25, 119-120
teoria marxista 23-27
teste de hipóteses 37-38, 67-68, 94-96,
      112-113
tipos de papéis na relação com o grupo
      pesquisado 75-78
"tornar-se nativo" 75-76
Tourney, Christopher 76-77
transcrição de entrevista 69
triangulação 53-54, 71-72, 82-83
Trinidad 36-44, 47-50, 55-59, 65-67,
      70-71, 92-96, 118-119

V

validade de dados de pesquisa 18-19, 78-82, 86-87
valores 110-111, 115-116
van Maanen, J. 103-104
verificação constante de validade 91-92, 98-99

verossimilhança 81-82
viés 82-83, 86-87
vínculos 49-52, 75-76

W

Weber, Max 21
Wedel, Janine 119-120